Bauernregeln

Bauernregeln

Altes Wissen rund um Feld und Garten, Bauernmedizin und Brauchtum

Gesammelt von Friederike Fuchs

Weltbild

Inhalt

Vorwort 6

Der Monat Januar 10
Wetterregeln im Januar 12
Kalendarium 14
Garten- und Feldarbeit im Januar 16
Brauchtum und Geschichten 17

Der Monat Februar 24
Wetterregeln im Februar 26
Kalendarium 28
Garten- und Feldarbeit im Februar 30
Brauchtum und Geschichten 31

Der Monat März 38
Wetterregeln im März 40
Kalendarium 42
Garten- und Feldarbeit im März 44
Brauchtum und Geschichten 45

Der Monat April 52
Wetterregeln im April 54
Kalendarium 56
Garten- und Feldarbeit im April 58
Brauchtum und Geschichten 59

Der Monat Mai 68
Wetterregeln im Mai 70
Kalendarium 72
Garten- und Feldarbeit im Mai 74
Brauchtum und Geschichten 75

Der Monat Juni 82
Wetterregeln im Juni 84
Kalendarium 86
Garten- und Feldarbeit im Juni 88
Brauchtum und Geschichten 89

Der Monat Juli 96
Wetterregeln im Juli 98
Kalendarium 100
Garten- und Feldarbeit im Juli 102
Brauchtum und Geschichten 103

Der Monat August 110
Wetterregeln im August 112
Kalendarium 114
Garten- und Feldarbeit im August 116
Brauchtum und Geschichten 117

Der Monat September 124
Wetterregeln im September 126
Kalendarium 128
Garten- und Feldarbeit im September 130
Brauchtum und Geschichten 131

Der Monat Oktober 138
Wetterregeln im Oktober 140
Kalendarium 142
Garten- und Feldarbeit im Oktober 144
Brauchtum und Geschichten 145

Der Monat November 152
Wetterregeln im November 154
Kalendarium 156
Garten- und Feldarbeit im November 158
Brauchtum und Geschichten 159

Der Monat Dezember 166
Wetterregeln im Dezember 168
Kalendarium 170
Garten- und Feldarbeit im Dezember 172
Brauchtum und Geschichten 173

Die magische Kraft des Mondes 178
Leben nach dem Mond 180
Garten und Landwirtschaft 181
Der Wald – unsere grüne Lunge 186
Mond und Gesundheit 188
Mond und Haushalt 191
Mondkalender 2009 192

Altbewährte Bauernmedizin 196
Häufige Beschwerden und deren Behandlung 198
Bauchschmerzen 200
Fieber 203
Gicht 205
Halsschmerzen 208
Hühneraugen 210
Husten 213
Kopfschmerzen 217
Ohrenschmerzen 221
Rückenbeschwerden 223
Sonnenbrand 227

Heil- und Gewürzpflanzen 230
Kräuter sammeln und trocknen 232
Gewürzpflanzen von A bis Z 236
Heilpflanzen von A bis Z 256

Bauernweisheiten 306
Bauernwetterregeln 308
Bauernphilosophie 310

Über dieses Buch 317
Register 318

Vorwort

Wer sich heute mit alten Bauernregeln beschäftigt, wird sehr schnell feststellen, wie sehr sie früher das bäuerliche Leben bestimmt haben. Bauernregeln bezeichnen zunächst die über viele Generationen hinweg gesammelten und weitergegebenen Wetterregeln. Sie beruhen auf Beobachtung und Erfahrung und versuchen, diese Beobachtungen in einfacher Weise zu systematisieren und für die tägliche Arbeit in Haus, Hof und Feld nutzbar zu machen. Gerade in alter Zeit hatte dieses Wissen und diese Erfahrung im Einklang mit dem Werden, Wachsen und Vergehen eine enorme Bedeutung. Wenn Unwetter die Ernte vernichteten, gab es keine Versicherung, die für den Schaden aufgekommen wäre. Wenn Unkraut dem Boden alle Energie raubte und so das Wachsen des Getreides verhinderte, konnte man nicht mit einem entsprechenden Pflanzenvernichtungsmittel das unerwünschte Kraut wegspritzen und damit den Ertrag der Feldfrüchte verdreifachen.

Aber je mehr die Landwirtschaft mit Hightech-Methoden das Werden und Wachsen der Feldfrüchte steuert, desto stärker keimt in den Menschen in gewisser Weise

die Sehnsucht nach dem alten Wissen. Diesem immer stärker werdenden Trend kommt dieses Buch entgegen: Nach einer kurzen Einführung und Erklärung der Herkunft des jeweiligen Monatsnamens folgen Wetterregeln, ein Kalendarium mit Namenstagen und Kirchenfesten sowie den für den jeweiligen Monat bedeutsamen Los- und Schwendtagen.
Lostage – oder auch Lurtage genannt – sind feststehende Tage im Kalender, die für das bäuerliche Leben und für die Wettervorhersage wichtig waren. Das Wetter an diesen Tagen sollte ausschlaggebend für die nächsten Wochen sein, was die Verrichtung der Arbeit auf dem Feld maßgeblich beeinflusste. Meist waren es Tage mit extremen Wetterbedingungen, entweder sehr heiß oder kalt, sehr nass oder besonders trocken, stürmisch oder mild. Häufig sind Lostage mit den Namenstagen der katholischen Heiligen verbunden. Somit wurde den Heiligen auch ein bestimmter Einfluss auf das Wetter zugeschrieben.
Schwendtage – auch als verworfene Tage bekannt – sind Unglückstage, an denen man keine neuen Arbeiten in Haus und Hof beginnen sollte. Ebenso sollten Reisen, das Abschließen von Verträgen oder Heiraten an diesen

Tagen vermieden werden. Lediglich einfache Arbeiten, wie Putzen und Aufräumen, Roden und Jäten, konnten an diesen ungünstigen Tagen verrichtet werden.

In diesem Buch wurden die Los- und Schwendtage aufgrund sorgfältiger Recherche und vieler Gespräche ergänzt und teils korrigiert. Dadurch kam mancher Lostag hinzu oder verschob sich gegenüber älteren Bauernkalendern.

Darüber hinaus enthält das Buch Tipps und Hinweise für die im jeweiligen Monat anfallenden Arbeiten auf dem Feld und im Garten.

Im Anschluss daran folgt für jeden Monat ein Kapitel mit ausgewählten Geschichten zu Brauchtum und bäuerlichen Traditionen, die im Einklang mit dem Werden und Vergehen im Jahreslauf stehen und so dem Leben einen Atem verleihen.

Im Kapitel »Bauernmedizin« finden sich die häufigsten Krankheiten und Beschwerden im bäuerlichen Leben. Die vorgestellten Hausmittel und Anwendungen sind allesamt einfach, aber wirksam, und gehen auf altes tradiertes Wissen zurück.

Diesen Gedanken greift auch das Kapitel »Heil- und Gewürzpflanzen« auf. Viel altes Kräuterwissen ist heute in Vergessenheit geraten. Umso wichtiger ist es daher, es wieder mit dem traditionellen Leben auf dem Bauernhof in Verbindung zu bringen. Richtig angewendet bringen sie oft sanfte und nebenwirkungsfreie Heilung.

Das Kapitel »Bauernweisheiten« schließlich enthält allgemeine Wetterregeln und bäuerliche Aphorismen, die teils humorvoll, teils sehr geistreich das Leben auf dem Land spiegeln und bis heute nichts von ihrer Gültigkeit eingebüßt haben.

Dieses Buch möchte dazu anregen, über die Beschäftigung mit diesem alten Wissen den heutigen Umgang mit dem Wachsen und Ernten immer wieder zu überdenken und zu korrigieren.

Der Monat

Januar

Der Name des Monats Januar kommt vom lateinischen Wort *ianuarius*, welches von Janus, dem altrömischen Gott des Jahresanfangs, abgeleitet worden war. Im bäuerlichen Leben nannte man den Januar früher auch *Hartung*, weil der erste Monat im Jahr vor Kälte richtig knacken soll. Denn ist der Januar zu mild, kommt er nach altem bäuerlichen Wissen später noch einmal zurück, und dann ist es um das Wachstum der Pflanzen meist geschehen. Liegt im Januar hingegen eine dicke Schneedecke auf Feld und Garten, so schützt diese die Natur nämlich vor allzu heftigem Frost.

Wetterregeln im Januar

Morgenrot am Neujahrstag
Unwetter bringt und große Plag.

Wenn Gras wächst im Januar, wächst es schlecht
im ganzen Jahr.

Neujahrsnacht still und klar, deutet auf ein gutes Jahr.

Wenn an Neujahr die Sonne lacht,
gibt es viel Fisch in Fluss und Bach.

Gibt es im Januar viel Regen, bringt es den
Früchten keinen Segen.

Ist's an Dreikönig sonnig und still,
der Winter vor Ostern nicht weichen will.

Dreikönig ohne Eis – ist Pankratius weiß.

An Fabian und Sebastian fängt oft der rechte Winter an.

Wenn an Sankt Anton die Luft ist klar,
gibt es ein recht trockenes Jahr.

Der Januar muss krachen, soll der Frühling lachen.

Je frostiger der Januar, desto freudiger das ganze Jahr.

Januar weiß, der Sommer heiß.

Ein Januar ganz ohne Schnee tut Bäumen,
Bergen und Tälern weh.

1	Neujahr	*Maria, Wilhelm*	L
2		*Gregor, Dietmar, Basilius*	L
3		*Hermine, Odilo, Genovefa*	S
4		*Roger, Angela, Titus*	S
5		*Emilia, Simeon*	
6	Hl. Drei Könige	*Kaspar, Melchior, Balthasar*	L
7		*Raimund, Valentin, Reinold*	L
8		*Erhard, Gudula, Severin*	L
9		*Julian, Eberhard, Adrian*	L
10		*Paul, Agathe*	
11		*Theo, Johannes, Werner*	
12		*Ernst, Tatjana, Hilde*	
13		*Gottfried, Jutta, Hilarius*	
14		*Felix, Rainer, Engelmar*	
15		*Roland, Arnold, Maurus*	
16		*Tillmann, Marzellus, Theobald*	

17		Anton, Gamelbert	L
18		Margareta, Odilo	S
19		Marius, Martha	
20		Sebastian, Fabian	
21		Agnes, Meinrad	L
22		Vinzenz, Dietlinde	L
23		Hartmut, Heinrich, Ildefons	L
24		Franz, Vera, Arno	L
25	Pauli Bekehr	Wolfram, Eberhard	L
26		Edith, Timotheus, Titus	
27		Angela, Gerhard	
28		Manfred, Karl, Thomas	
29		Aquilin, Valerius	
30		Martina, Adelgund	L
31		Johannes, Emma	

Garten- und Feldarbeit im Januar

Der Monat Januar ist ideal für das Holzschlagen, weil in diesem in der Regel kalten Monat der Saftfluss in den Bäumen ruht. Wenn das Holz nicht faul werden und frei von Wurmbefall sein soll, so sollte man es gegen Ende Januar schlagen. In dieser Zeit erhält man Hölzer von guter Qualität und langer Haltbarkeit.

Im Garten kann man nun die Zweige und Äste der Obstbäume von dickem Schneebelag befreien. Wenn es das Wetter zulässt, können die Ziersträucher, Obstbäume und Beerensträucher zurückgeschnitten werden. Gegen Ende des Monats sollte man die Geranien wieder einpflanzen, damit sie in einem vor Frost geschützten Raum, nicht wärmer als 12 °C, anwachsen können.

Auch den Komposthaufen kann man an milden Tagen umsetzen sowie die Kübelpflanzen eventuell zurückschneiden, sollten sie austreiben. Eventuell brauchen sie auch etwas Wasser. Jetzt ist die beste Zeit, die Einsatzbereitschaft der Gartengeräte zu kontrollieren und notwendige Reparaturen auszuführen.

Brauchtum und Geschichten

Silvester/Neujahr

Die letzte Nacht des Jahres gilt als besonders günstig, um Näheres über das kommende Jahr zu erfahren, und deshalb werden in dieser besonderen Nacht allerlei symbolhafte Handlungen, Glückszauber und Losbefragungen ausgeführt. Viele Menschen versuchen mit Bleigießen, Schuhwerfen und Orakelspielen die Zukunft zu erforschen und zu deuten. Die Orakelbräuche sollten Auskunft geben über das Schicksal, über Liebe, Hochzeit, Ehe, Tod, Wetter und Ernte.

Der Tag, an dem das Jahr zu Ende geht, ist nach dem heiligen Papst Silvester I. benannt, der Kaiser Konstantin im Jahr 325 taufte. Mit diesem Ereignis wurde letztendlich die über 300 Jahre andauernde Verfolgung der frühchristlichen Kirche beendet.

Die kirchliche Anerkennung des kalendarischen Neujahrs erfolgte erst 1691 durch Papst Innozenz XII. Silvester und Neujahr sind – was Sitten und Brauchtum betrifft – nicht voneinander zu trennen.

In einigen Religionen fanden an dem Tag, an dem das neue Jahr begann, verschiedene Reinigungsriten statt, mit denen man sich von seinen Sünden befreien wollte. Maskenumzüge dienten dazu, die bösen Geister zu vertreiben.

Der Brauch, das Jahr »anzuschießen«, entwickelte sich im Dreißigjährigen Krieg bei den Soldaten, die im Winterquartier lagen. Während in den Städten das neue Jahr mit stürmischen und lauten Festen, mit Böllern, Raketen und Feuerwerken begrüßt wurde, war Silvester in bäuerlichen Regionen oft begleitet von stiller Sammlung, Besinnung und behaglichem Beisammensein in der Familie.

Silvesterabend im Bayerischen Wald

Obschon ein Bärenwinter unter den Stiefeln knirschte und glitzerte, so lag doch in einem volkreichen Marktflecken am Regenfluss die sämtliche Ortswohnerschaft an den offenen Fenstern; man horchte und spähte nach dem nächtlichen Neujahrssänger.
Und er kam, und zwar in jede Gasse: der biedere »Spatzerer«, so lautete sein Spitzname. Er war ein Siebziger, trug auf seinem Rücken einen stattlichen angestammten Buckel, in der rechten Hand aber die mörderische Sicherheits-Hellebarde, denn er war der bürgerliche Nachtwächter.
Zur Seite ging ihm sein schönstes Töchterlein, die »Spatzenliese«. Die brauchte er notwendig, damit er ohne Familienverstöße und mit der gehörigen Amtshöflichkeit vor jedem Markthaus seinen Neujahrswunsch in Gesang oder Spruch tadellos anbrachte.
Das war nichts Leichtes. Er musste nämlich jedes Familienglied dienstlich wohlgesetzt angratulieren, den Säugling in der Wiege so gut wie den Herrn des Hauses. Und das tat der Spatzerer denn auch mit solcher Gewissenhaftigkeit, dass er selbst die kleinen Hosentrom-

peter als »Herrn« ansprach. Kam er vor Häuser mit vielnamigen Familien, so fragte er seine Liese zuvor um die verschiedenen Namen. (...)

Um den Spatzerer drehte sich in der Silvesternacht der ganze Marktflecken. Männlich wie weiblich war auf den eigenen Hauswunsch begierig, und war er überstanden, dann klatschte man: »Jetzt will ich doch sehen, was der Spatzerer sagt bei dem Haus und bei der Familie und bei der Strohjungfer!«

Und richtig, sei es aus harmloser Unwissenheit, sei es in einem Zungenverstoß, sei es aus arger Tölpelei oder gar in einem Anflug plötzlichen Witzes: der biedere Spatzerer titulierte bald in dieser, bald in jener Gasse eine entblumte Marktschönheit als »Jungfrau«, obschon sie drei oder vier Rangen um sich hatte.

Allgemeines Gekicher und Gelächter waren natürlich jedes Mal die Folge. Umsonst schimpfte die geprangerte entblätterte Rose; es war geschehen.

Aber schon vielleicht beim nächsten Haus erreichte den Spatzerer die Rache. Darin hauste möglicherweise eine kernfeste Handwerksfrau mit vielen Kindern und wenig Geld, die dann wie eine Löwin zum Fenster herauswetterte:

»I brauch dei Gschroi net!« Und der Spatzerer geriet nach und nach in Furcht und Zittern und wagte sich an mehrere Häuser gar nicht mehr. Aber damit stach er erst ins Wespennest. Andern Tags ging das Geföppel los: »Ihr seid mir die Rechten, euch hat nöt einmal mehr der Spatzerer das Neujahr angratuliert!« Der Spatzerer musste natürlich den bösen Brei auslöffeln.
Noch nicht genug. Die Baserei dauerte die ganze Neujahrswoche im Marktflecken fort: »Von dir hat er dös gsagt, von dir dös usw.« Und nun kamen allerlei Verstöße zum Vorschein, Dummheiten, Tölpelstücke, ja selbst Ehrenkränkungen schwieriger Art.
Doch der biedere Spatzerer saß bereits daheim am warmen Ofen, ließ die böse Welt klatschen und grollen und tröstete sich mit seinem vollgespickten Geldbeutel. Nachdem er gut und schlecht die Silvesternacht mit ihrem heiklen Spruch und Gesang überstanden, trat er am Neujahrstage selbst in aller Form rechtens in die einzelnen Marktsfamilien dem Rang und der Reihe nach und erhielt nun von ihnen den Taler, Gulden, Halbgulden, Zwanziger und Zwölfer für seine schönen Neujahrsgratulationen.

Josef Schlicht, Blauweiß

Neujahrsbrauchtum in Thüringen

Wer in der Neujahrsnacht zwischen 11 und 12 Uhr im Freien einen Kreis um sich zieht und in denselben tritt, kann sein Schicksal fürs kommende Jahr erfahren. Er darf sich aber vom Bösen nicht aus dem Kreis locken lassen, weil er ihm sonst verfällt.

Es heißt außerdem, dass man sein Schicksal im künftigen Jahre hören kann, wenn man in dieser prognosemächtigen Nacht am mittleren von drei Fenstern eines Zimmers lauscht.

Wenn man am Silvesterabend ein Licht in die Stube bringt und von den Schatten der Anwesenden einen ohne Kopf oder einen mit zwei Köpfen sieht, so stirbt der, dessen Schatten so erscheint, im kommenden Jahr.

In derselben Nacht setzt man so viel Häufchen Salz auf den Tisch, als Personen zur Familie gehören, und bezeichnet ein jedes Häufchen mit dem Namen eines Familienmitgliedes. Wessen Häufchen am Morgen eingefallen ist, der muss in dem Jahr sterben.

In der zwölften Stunde der Silvesternacht setzen sich die Leute vor die Haustür, ziehen den einen Schuh aus und werfen ihn über die entgegengesetzte Schulter rückwärts ins Haus. Liegt der Schuh mit der Spitze ins Haus, so bleiben sie das Jahr über im Haus; im umgekehrten Fall müssen sie das Haus verlassen.

In derselben Nacht decken die Mädchen den Tisch, setzen zwei Teller darauf, legen Messer und Gabel daneben und stellen zwei Stühle dazu. Mit dem zwölften Glockenschlage erscheint der künftige Mann und nimmt seinen Platz am Tisch ein. Sie gehen auch in den Holzstall, nehmen stillschweigend einen Arm voll Holz, tragen es in die Küche und werfen je zwei und zwei Scheitchen ab. Bleibt von diesen zuletzt ein Paar übrig, so ist gewiss, dass sie im kommenden Jahre heiraten; bleibt ein Scheit übrig, so haben sie in dem Jahr keine Aussicht auf Heirat; ist aber zuletzt ein Scheit und ein Span da, so reichen sie einem Witwer ihre Hand. Auch am Neujahrsmorgen während der Frühkirche wird Holz in die Küche getragen. Die Mädchen erblicken bei dieser Arbeit ihren künftigen Bräutigam.

August Witzschel (1878)

Der Monat
Februar

Der Name Februar kommt aus dem Lateinischen. *Februare* bedeutet reinigen; *februarius* ist daher der Reinigungsmonat. Der Monat Februar war im lateinischen Kalender der letzte Monat. Gegen dessen Ende, also am Ende des Jahres, fanden in Rom Sühneopfer statt. Die althochdeutsche Bezeichnung für Februar war *hornunc*, von germanisch *hurna* abgeleitet, was man mit »Spitze«, »Ecke«, »Horn« übersetzen könnte. Eigentlich ist es der im Winkel Gezeugte, also der zu kurz Gekommene. Taumond, Weibermond oder Narrenmond waren weitere Bezeichnungen für den Februar.

Wetterregeln im Februar

Hätte der Februar Januars Gewalt, ließ er erfrieren Jung und Alt.

Wenn's um Lichtmess stürmt und schneit,
ist der Frühling nimmer weit, ist es aber hell und rein,
wird es ein langer Winter sein.

Februar Schnee und Regen, deuten an den Gottessegen.

Lichtmess im Klee ist Ostern im Schnee.

Im Februar muss die Lerch' auf die Heid,
mag's sein lieb oder leid.

Sankt Agatha, die Gottesbraut, macht, dass Schnee und Eis gern taut.

Hornung hell und klar gibt ein gutes Frühjahr.

Im Februar zu viel Sonne am Baum,
lässt dem Obst keinen Raum.

Wenn es zu Mariä Lichtmess wittert,
geht der Bär aus dem Loch.

Der Februar muss stürmen und blasen,
soll das Vieh im Lenze grasen.

Segnet man die Palmen im Klee, zeigt sich Mai
noch der Schnee.

Wenn es im Februar regnerisch ist, hilft es so viel
wie guter Mist.

1		Brigitte, Siegbert	S
2	Mariä Lichtmess	Alfred, Burghard, Bodo	L
3		Blasius, Ansgar	L
4		Veronika, Gilbert	
5		Agatha, Adelheid	L
6		Dorothea, Paul	L
7		Richard, Romuald	
8		Hieronymus, Elfriede	S
9		Apollonia, Alto	L
10		Wilhelm, Scholastika	
11	Mariä Erscheinung	Anselm, Benedikt	
12		Eulalia, Gregor	L
13		Gisela, Irmhild	
14	Valentinstag	Cyrill, Valentin	L
15		Siegfried, Faustinus	
16		Simeon, Juliana	L

17		Benignus, Lukas	
18		Bernadette, Konstanze	
19		Arnold, Konrad	
20		Apollonia, Falko	
21		Felix, Eleonora	L
22	Petri Stuhlfeier	Isabella, Margareta	L
23		Romana, Raffaela	
24		Matthias, Franz	L
25		Walburga, Adeltrud	L
26		Mechthild, Alexander	L
27		Gabriele, Leander	
28		Roman, Silvana	L

Garten- und Feldarbeit im Februar

Wenn es das Wetter zulässt, dann können die Beete gerecht und neue Mistbeete angelegt werden. Endivien, Blumenkohl, Sellerie, Porree, frühe Tomaten, Radieschen, Rettich und Kopfsalat können im Mistbeet oder unter Glas ausgesät werden.

Nun werden die Kübelpflanzen auf Schädlinge untersucht. Frühkartoffeln und Zwiebeln an einen dunklen und warmen Ort stellen, damit sie vorkeimen können.

Bis Ende des Monats sollten auch die Beerensträucher, die Obstbäume und der Wein zurückgeschnitten sein. Sicherheitshalber überstreicht man durch Schneiden entstandene größere Wunden am Stein- und Kernobst mit Baumwachs oder Holzteer.

Ist der Monat sehr trocken, dann sollten an frostfreien Tagen die immergrünen Pflanzen gegossen werden. Herrscht besonders gutes Wetter, können ältere, große Stauden geteilt und umgepflanzt werden.

Brauchtum und Geschichten

Mariä Lichtmess

Das Fest Mariä Lichtmess oder auch Kerzenweihe genannt (eigentlich Mariä Reinigung) wird sechs Wochen nach Christi Geburt, am 2. Februar, gefeiert. An diesem Tag wurden die Wachsvorräte sowohl für die Kirche als auch für Haus und Hof gesegnet. Das Fest geht auf römisch-heidnische Traditionen zurück. Dabei hielten die Römer an diesem Tag feierliche Fackelumzüge im Haus, um sich auf diese Weise von Sünden und Verfehlungen zu reinigen. Es waren die *dies februare*, also die Tage der Reinigung. Von diesem Brauch hat der Februar seinen Namen. Da die christliche Kirche den Brauch nicht unterbinden konnte, wurde das Fest im fünften Jahrhundert ausdrücklich von der Kirche anerkannt. Die Menschen hofften, beim Schein der Wachslichter von Gewitter, Seuchen und Missgeburten verschont zu bleiben. Mitunter mischte man daher sogar dem Vieh einige Wachstropfen ins Futter.

Lichtmess war auch der Zahltag. Der Tag wurde mit festlichem Essen gefeiert, gearbeitet wurde nur wenig.

Wollte sich ein Bursch verdingen, so trug er entweder eine Ähre am Hut oder zweierlei Strümpfe. Auf den Straßen sah man viele Wagen, auf denen Kleidertruhen und Kasten verstaut waren. Meist fuhr der Oberknecht die Magd an ihren neuen Platz, heute würde man »neue Arbeitsstelle« sagen.

Früher begann für die Bauern an diesem Tag die harte Arbeit auf Feld und Weinberg wieder. In der katholischen Kirche werden zu Mariä Lichtmess Kerzen geweiht, die das ganze Jahr hindurch Haus und Hof vor Feuer und Blitzschlag schützen sollen.

Zu Lichtmess endet der Dienst

»Lichtmess machen« hieß so viel wie den Dienst aufsagen oder die Stelle wechseln. Sagte der Bauer während des Jahres: »Heut ist Lichtmess!«, dann bedeutete das für den so Angesprochenen die fristlose Kündigung. Wenn ihm aber am 2. Februar vom Bauern eine Kerze überreicht wurde, dann besagte diese Geste, dass der Arbeitsvertrag um ein Jahr verlängert war.

Schlenkelweil zu Mariä Lichtmess

Die sechs Tage, in deren Mitte der Lichtmesstag steht, sind dienstbotliche Ferien und heißen im bayerischen Flachland die »Schlenkelweil« (Schlenkelweil ist die Zeit zwischen dem Austreten aus einem Dienst und dem Beginn des neuen Dienstes; schlenkeln = umziehen). Ihre Verwendung ist eine mannigfaltige. Die bessern Ehehalten gehen in ihre Heimat und legen dort ihre klingenden Lichtmesstaler an bei Eltern, Geschwistern, Schwägern, vertrauenswürdigen Landsleuten und Sparkassen. Die lockeren Vögel dagegen laufen in die übel beleumundeten Winkelkneipen der Stadt und vertanzen ihre elenden Lohntrümmer auf den Lichtmessbällen. Das Mittelgut hockt in den Dorftafernen, wo die einen zu Fiedel und Bombardon singen und juchzen, die andern teuer spielen, alle aber flott essen und trinken und zechen.

Die Schlenkelferie dient namentlich auch dazu, um die Kästen an die Dienstorte zu verbringen. Schellengeklingel auf allen Wegen. Im Schlitten oder Wagen liegt hinten der mehr oder minder malerische Kasten, welcher das ganze dienstbotliche Besitztum in sich birgt, und vorn auf dem Brett sitzen rechts eine rotbackige, ins bayerische Kopftuch verschleierte Schöne und links ein Peitschen knallender Bursch. Das ist jedes Mal der Baumann. Dessen Pflicht, oder besser gesagt gutes Recht ist es, jeden Dirnkasten zu fahren. Dafür erhält er einen Zwanziger zum Trinkgeld und ist darüber hinaus noch zechfrei. Um nun auch letzteres Sportel (von lat. Sportula: Körbchen, kleines Geschenk) regelrecht auszunützen, lässt er den kürzesten Weg unberührt und kutschiert Dirn und Kasten im ziemlichen Zickzack durchs Land, bis er ein schönes Häuflein Tafernen angesegelt hat. Denn eher lassen Fürsten an ihren tausendjährigen Kronen rütteln, als der bayerische Baumann an seinen Sporteln und Rechten.

Josef Schlicht, Blauweiß

Fasching

Woher der Begriff »Fasching« kommt, darüber ist man sich bis heute nicht einig: Die einen bringen das Wort Fasching mit Fastnacht, also mit der Nacht vor Beginn der Fastenzeit, in Verbindung, andere hingegen glauben, das Wort komme von »faseln«, was so viel wie

»närrisch sein«, »wirr reden«, »dummes Zeug sagen« bedeutet. Wieder andere sehen im Begriff »Fasching« bzw. in »Fastnacht« den in früheren Zeiten zu der Zeit abgehaltenen *vaschanc* oder *vastchang*, einem Umtrunk vor Beginn der Fastenzeit. Einig jedenfalls ist man sich, dass die »närrische Zeit« auf das Verscheuchen der dunklen Geister der Winterzeit zurückgeht. Der Winterdämon soll endgültig vertrieben werden und der zunehmenden Wärme und Sonne Platz machen.

Fritschistag in Luzern

In Luzern hat sich bis heute ein Faschingsbrauch erhalten, der am Fritschistag, also am Donnerstag vor Faschingsdienstag, abgehalten wird:
Zu Ende des 15. Jahrhunderts lebte auf einem Landgut am Abhang der Halden, unweit der Stiftskirche, ein sehr jovialer Mann, welcher Fridolin hieß, und in der ganzen Eidgenossenschaft unter dem Namen »Bruder Fatsching« oder »Fritschi« bekannt wurde. In seiner Jugend hatte er in den Kriegen wider Karl den Kühnen tapfer mitgefochten, dann aber sich auf sein Gütchen zurückgezogen, von wo er nur einmal im Jahr, am Don-

nerstag vor Fastnacht, in die Stadt kam, um auf seiner Zunftstube zum Safran, welche noch jetzt nach ihm die Fritschizunft heißt, im Kreise seiner alten Waffengefährten einen heitern Abend zu verleben. Zur Erinnerung an diese fröhlichen Zusammenkünfte bestimmte er in seinem Testament, das er mit einigen Schenkungen begleitete, es solle sich alle Jahre am Donnerstag vor Fastnacht eine Gesellschaft von Zunftbrüdern versammeln, dann ein großer, künstlich aus Buchsbaumholz geschnitzter und mit Silber verzierter Pokal, Fritschikopf genannt, durch einen Mann seines Wuchses, von Spielleuten begleitet, in der Stadt herumgetragen und daraus Jedermann, wer es begehre, ein Trunk Wein verabreicht werden, und hierauf die Gesellschaft mit Gewehr und Harnisch ausgerüstet über den Hof hinaus nach der Halden ziehen und von da wieder nach der Stadt auf die Zunftstube zurückkehren, um daselbst den Abend unter Lust und Tanz zuzubringen.
Die Obrigkeit schenkte diesem originellen Fastnachtsscherz Beifall und bedachte ihn mit mehreren Freiheiten und Begünstigungen, und so hat sich die Gedächtnisfeier bis auf den heutigen Tag erhalten.

Otto von Reinsberg-Düringsfeld (1898)

Valentinstag

Der Valentinstag am 14. Februar ist ein Festtag für Verliebte, Freunde und Liebende. In England ist er das Fest der Liebe und der Jugend. Am Valentinstag machte man sich früher anonym kleine Geschenke, besonders Gedichte, die man Valentine nannte. Ein weit verbreiteter Brauch am Valentinstag war es, gemeinsam das Vielliebchen zu essen und dabei ein Wort zu vereinbaren, mit dem man sich bei der nächsten Begegnung am Tag danach oder auch später begrüßen wollte. Das Vielliebchen ist ein doppelter Mandelkern, der gleichzeitig das Symbol für ein Liebespaar war. Man begrüßte sich also zum Beispiel mit den Worten: »Guten Tag, Marie ›Valentinchen‹.« Wer das vereinbarte Wort bei der Begrüßung als erstes sagte, hatte einen Wunsch frei. Oft machte man sich auch anonym Liebeserklärungen.

Der Monat
März

Der Frühlingsmonat hat seinen Namen von althochdeutsch *marzeo*. Eigentlich ist er dem römischen Kriegsgott Mars geweiht und hieß im Lateinischen *martius*. Der römische Kalender begann urprünglich mit dem März. Im März beginnt der Frühling, auch Lenz genannt. Lenz wiederum kommt vom althochdeutschen *lenzgo*, »zu lang«, weil nun die Tage wieder länger werden. Die Bauern nehmen zur Monatsmitte die Arbeit auf dem Feld auf, die Zeit der Saat ist nun gekommen. Am letzten Wochenende des Monats beginnt in Deutschland wie in den meisten anderen europäischen Ländern die Sommerzeit.

Wetterregeln im März

Lässt der März sich trocken an,
bringt er Brot für jedermann.

Wenn es an Kunigunden friert, man es noch vierzig Nächte spürt.

Märzenregen bringt keinen Segen.

So viel Nebel im März, so viel Fröste im Mai,
so viel Gewitter im Sommer.

Ist es am Josephitag schön, wird ein gutes Jahr man sehn.

Der März soll kommen wie ein Wolf, aber gehen wie ein Lamm.

Wie die letzten Tage im März,
kommt die Herbstzeit allerwärts.

Märzenschnee und Jungfernpracht dauern
oft kaum über Nacht.

Auf einen freundlichen März folgt ein
freundlicher April.

Brau nur im März gut Bier, mein lieber Bauer,
es ist gesund und wird nicht sauer.

Märzenschein – lässt noch nichts gedeih'n.

Wie das Wetter zu Frühlingsanfang, ist es den
ganzen Sommer lang.

1	Albin, Rüdiger	
2	Agnes, Eustasius	
3	Kunigunde, Tobias	
4	Kasimir, Adrian	
5	Olivia, Dietmar	
6	Fridolin, Nicolette	L
7	Felizitas, Volker	
8	Johannes, Julianus	
9	Bruno, Franziska	
10	Gustav, Emil	L
11	Gregor, Engelhard	L
12	Rosamunde, Christoph	
13	Gerald, Judith	S
14	Mathilde, Paulina	S
15	Klemens, Luise	S
16	Heribert, Hilarius	

17		Gertrud, Patrick	L
18		Eduard, Narzissus	
19		Josef, Sybille	L
20		Claudia, Herbert	
21	Frühlingsanfang	Benedikt, Christian	L
22		Lea, Elmar	
23		Rebekka, Toribio	L
24		Gabriel, Katharina	
25	Mariä Verkündigung	Jutta, Luzia	L
26		Ludger, Larissa	
27		Rupert, Ernst	
28		Guntram, Ingbert	
29		Helmut, Berthold	S
30		Rosnvitha, Quirin	
31		Benjamin, Cornelia	

Garten- und Feldarbeit im März

Nun sollte man die Beete vom Wintermulch befreien, damit sich der Boden bei Sonnenschein auch erwärmen kann. Bisweilen muss sogar schon erstes Unkraut gejätet werden. Sofern der Boden trocken ist, kann man ihn mit einer Gabel lockern und glatt rechen.

Wenn bereits die erste Saat aufs Freiland ausgebracht wird, sollte man sie auf jeden Fall mit einer Folie abdecken, damit ein Frosteinbruch der Saat nichts anhaben kann. Ab Mitte des Monats kann in der Regel bereits mit der Freilandaussaat von Eissalat, Erbsen, Karotten, Kopfsalat, Küchenkräutern, Radieschen, Rettich, Rote Bete, Rotkohl, Spinat, Weißkohl und Zwiebeln begonnen werden.

Erdbeeren und Beerensträucher müssen mit Kompost versorgt werden. An den Obstbäumen sollten die alten Leimringe entfernt und durch neue ersetzt werden. Auch gilt es, erste Maßnahmen gegen Schnecken zu ergreifen. Der Rasen sollte vertikutiert und eventuell von Staunässe befreit werden.

Brauchtum und Geschichten

Märzenfeuer

In Südtirol und in Teilen der Schweiz werden mit Beginn der Fastenzeit, in der Regel am ersten Fastensonntag, die sogenannten Märzenfeuer entzündet. Dazu werden auf den Anhöhen lange Stangen mit Stroh umhüllt, auf die man Reisigbüschel bindet. Auf die Spitze der Stangen wird dann eine Hexe aus Stroh gebunden, die sogenannte Funkenhexe. Wenn Stange, Reisig und Funkenhexe brennen, werden Teile aus den brennenden Stangen herausgerissen und ins Tal geschleudert.
Das in der Luft schwingende Feuerrad hat unterschiedliche Bezeichnungen: die Funkenhexe, Wespe oder das Scheibenschlagen. Letzteres verlieh dem ersten Fastensonntag in einigen Regionen auch seinen Namen, der auch der Scheibensonntag genannt wird.
Wie meistens bei den Brauchtumsfeuern wird dann über das Feuer gesprungen. Mit dem Verbrennen der Strohhexe sollen die bösen Kräfte des Winters vernichtet und mit dem Feuerspringen die Sonne gütig gestimmt werden, damit sie dem Getreide zu besonderem Wachstum verhelfe.

Palmsonntag

Der Palmsonntag, der Sonntag vor Ostern, der in den christlichen Kirchen auch Palmarum genannt wird, verdankt seinen Namen dem Einzug Jesu in Jerusalem, bei dem die Menschen Palmwedel schwenkten und ihm auf diese Weise zujubelten. Die Palme ist zugleich Zeichen des Sieges. An vielen Orten finden Prozessionen statt, bei der eine Christusfigur, die auf einem Esel reitet, von Ministranten vorangetragen wird.

Vor jeder Palmprozession werden die heute anstelle der Palmen verwendeten sogenannten Palmkätzchen oder Palmbuschen geweiht.

Drei mal drei Hölzer

Eigentlich müssen in dem Palmgebinde nach altem Brauch drei blühende Palmkätzchen, drei Buchszweige und drei Wacholderzweige eingebunden sein, weil diese Pflanzen nach dem Volksglauben vor Bösem und Zerstörendem schützen.

Die oft kunstvoll gebundenen Palmbuschen werden nach der Segnung beim Gottesdienst meistens hinter das Kreuz im Herrgottswinkel des Hauses gesteckt, bisweilen werden sie aber auch auf die Gräber der verstorbenen Angehörigen gelegt. In manchen Regionen werden einige Zweige des gesegneten Palmbuschens zusammen mit einem kleinen, einfachen Kreuz aus Holzspänen auf die Felder gesteckt, um sie zu segnen und sie vor Schädlichem zu bewahren.

Palmeselfahren

In einigen Dörfern in der Oberpfalz war es früher Brauch, dass am Palmsonntagnachmittag Ministranten mit einem hölzernen Palmesel in einer Prozession von Haus zu Haus zogen. Einer der Buben saß auf dem Esel und spielte die Rolle Jesu beim Einzug in Jerusalem. Die anderen Ministranten zogen den Esel und bildeten das Geleit der Prozession. Dabei sangen sie das Gloria laut. Dafür bekamen sie von den Bewohnern des Dorfes Geschenke, meist in Naturalien wie Brot, Semmeln, Bier, aber auch Münzen wurden gegeben.

Nach Felix Dahn (1870)

Das Fest der heiligen Gertrud von Nivelles

Am 17. März wird das Fest der heiligen Gertrud gefeiert. Gertrud war die Tochter Pippins des Älteren und Äbtissin des Klosters Nivelles. Sie ist nicht nur die Patronin der Krankenhäuser, Schutzheilige der Reisenden, Kranken und Armen, sondern sie gilt auch als die erste Gärtnerin, denn sie ist die Patronin der Garten- und Feldfrüchte. Einer Legende zufolge vertrieb ihr Gebet eine große Mäuse- und Rattenplage. In einigen Gegenden Deutschlands wurde der Gertrudentag mit einem großen Umzug gefeiert. Bei diesem Umzug trugen hauptsächlich Frauen junge Pflanzen von Obstbäumen, Sägen und Leitern, dahinter folgte die Musikkapelle. Am Ende des Zuges ritt ein junges Mädchen, das die heilige Gertrud verkörperte. Sie war mit Blumen und Lorbeerzweigen geschmückt und kommandierte den festlichen Zug.

Das Fest Mariä Verkündigung

Das Fest Mariä Verkündigung selbst ist eins der ältesten Feste der Kirche, welches bereits im 5. Jahrhundert am 25. März gefeiert wurde, und lange Zeit pflegte man auch in Deutschland, namentlich im Lande Trier, nach italienischer Sitte das Jahr mit diesem Tage zu beginnen, der nicht bloß für den Tag der Empfängnis Christi, sondern auch für den Todestag unseres Herrn galt. Die Verkündigung, nach welcher das Fest in Ulm den Namen Mariä Engelgruß führt, wurde ehemals in den meisten Kirchen Belgiens bildlich dargestellt, und war besonders für die Kinder in Löwen (Louvain) eine mit Ungeduld erwartete Festlichkeit. Sie durften dann alle die Eltern in die schöne Peterskirche begleiten, wo das Bild der heiligen Jungfrau im Chore aufgestellt, und hinter demselben ein Chorknabe versteckt war, der statt der Mutter Gottes sprach. Wenn nun der Engel Gabriel, den ein anderer als Engel verkleideter Chorknabe vorstellte, an einem Strick aus der im Gewölbe der Kirche befindlichen Öffnung herabgelassen wurde, um die heilige Jungfrau mit einer tiefen Verbeugung zu begrüßen und ihr seine Botschaft ausrichten zu können, so

ließen die Mütter in dem Augenblick, wo ihre Kinder unverwandt in die Höhe auf den herabschwebenden Engel guckten, ihnen ganz verstohlen kleine Kuchen und andere Leckereien auf den Schoß fallen, damit sie glauben sollten, der Engel habe sie beschenkt.
In dem protestantischen Sachsen ist Mariä Verkündigung das einzige Marienfest, welches sich kirchlich erhalten hat, und in den plattdeutsch redenden Gegenden von Norddeutschland gilt es sprichwörtlich für den Zeitpunkt, wo die Abendarbeiten bei Licht aufhören, um erst zu Michaeli wieder zu beginnen. In Mecklenburg heißt es: Ploog-Marien zieht der Pflug zu Felde. Eine reiche Ernte folgt, wenn es an Mariä Verkündigung und den Tagen darauf hell ist.
In Tirol dagegen heißt es im Munde des Volkes: »Mariä Verkündigung, die Schwalben kommen wiederum.« Wenngleich die Rückkehr der Schwalben nicht mehr wie ehedem in allen germanischen Ländern festlich begangen wird, sind sie doch gleich den Störchen als Frühlingsboten willkommene Gäste. Auch gelten sie im Volk noch immer für heilig und für Glück bringend. Ihre Anwesenheit macht ein Dorf reich, das Haus, in dem sie nisten, ist von Gott gesegnet, und wer ein

Schwalbennest zerstört oder gar eine Schwalbe tötet, den trifft schweres Unglück, indem entweder sein Vieh durch Seuchen hinweggerafft oder sein Haus durch Feuersbrunst zerstört wird. Daher sind die Schwalben, obwohl sie durch ihre Nester die Häuser belästigen und verunreinigen, des größten Schutzes sicher, und in manchen Gegenden lassen die Leute nur deshalb Tag und Nacht die Fenster offen, um diesen Glücksvögeln nicht den Eingang zu verwehren. Als ehemalige Lieblingsvögel der Holda oder der schönen nie alternden Iduna, welche, sobald Thor die Winterriesen besiegt, in Schwalbengestalt nach Walhalla zurückkehrten, sind die Schwalben jetzt Muttergottesvögel, und im Oberinntal heißt es, sie haben Gott dem Vater den Himmel bauen helfen.

Otto von Reinsberg-Düringsfeld

Der Monat April

Der Name April kommt vom lateinischen Verb *aperire*, »öffnen«, und heißt so viel wie der Monat, an dem sich die Natur öffnet; die Erde löst sich nach und nach aus ihrer Winterstarre und steuert wieder auf die Zeit der Fruchtbarkeit zu. Der althochdeutsche Name für den Monat April war Ostermond, und sein lateinischer Name war *aprilis*. Der Aprilnarr ist schon seit dem 18. Jahrhundert bekannt und damit auch der Brauch, jemanden in den April zu schicken. In Deutschland, England und Frankreich kennt man den Aprilscherz, der bereits seit dem 17. Jahrhundert bezeugt ist.

Wetterregeln im April

Säen am 1. April, verdirbt den Bauern
mit Stumpf und Stil.

Ist der April schön und rein, braucht der Mai sich
nicht zu freu'n, schlimmer ist es, wenn er dürr,
denn kein Bauer dankt dafür.

Wenn der April Spektakel macht, gibt es Heu und Korn
in voller Pracht.

Bauen um Markus schon die Schwalben,
gibt es viel Futter, Korn und Kalben.

Warmer Aprilregen bringt großen Segen.

Vor Sankt Georgi gibt es keinen Sommer.

Wenn der April stößt rau ins Horn, so steht es gut um Heu und Korn.

Zu Georgi soll ein Rabe sich im Roggen verbergen können.

Ist der April zu gut, schickt er dem Schäfer Schnee auf den Hut.

Bald trüb und rau, bald licht und mild,
ist der April des Menschen Ebenbild.

Bläst der April mit beiden Backen, gibt es genug zu jäten und zu hacken.

April und Mai sind die Schlüssel zum ganzen Jahr.

1	Hugo, Irene	L
2	Rosamunde, Eustasius	L
3	Reinhard, Darius	L
4	Ambrosius, Isidor	
5	Vinzenz, Ferrer	
6	Notker, Isolde	
7	Johann, Hermann	
8	Amantius, Walter	
9	Waldtraud, Demetrius	
10	Ezechiel, Daniel	
11	Rainer, Leo	
12	Julius, Zeno	
13	Hermengild, Ida	L
14	Tiburtius, Justus	L
15	Nidgar, Huna	
16	Bernadette, Magnus	

17	Rudolf, Eberhard	
18	Apollonius, Alexander	
19	Leo, Gerold	S
20	Odette, Adalar	
21	Anselm, Konrad	
22	Kajus, Opportuna	
23	Georg, Adalbert	L
24	Fidelis, Egbert	
25	Markus, Erwin	L
26	Kletus, Marcellinus	
27	Petrus, Zita	
28	Vitalis, Paul	
29	Katharina, Sibylla	L
30	Pius, Quirin	

Garten- und Feldarbeit im April

Nun können Spinat, Rettich, Radieschen, Rote Bete, Zwiebeln, Mangold, Karotten und Lauch im Freien ausgesät werden. Auch die Kartoffeln werden jetzt gesteckt und Gewürzkräuter ausgesät. Und unter Glas können Tomaten, Zucchini, Bohnen, Brokkoli und Paprika ausgesät werden.

Im April wird der Mist oder der Dünger auf die Felder gebracht. Und im Lauf des Monats wird zuerst der Hafer, dann die Gerste und zum Schluss die Kartoffeln angebaut.
Eventuell muss man auch den Rasen noch einmal vertikutieren und die vom Winter angesammelte Nässe ableiten, am besten durch ein Loch, das unter der Grasnarbe liegt und mit Kieselsteinen gefüllt ist.

Den ganzen Monat hindurch können noch Erdbeeren gepflanzt werden. Häufig muss nun das Saatgut vor den Vögeln geschützt werden. Sträucher und frisch gepflanzte Bäume müssen gut gewässert werden, damit die Wurzeln anwachsen können.

Brauchtum und Geschichten

Ostern

Ostern ist für Christen das höchste und älteste Fest im Kirchenjahr. Es wird gleichzeitig mit dem jüdischen Paschafest gefeiert und ist im Gegensatz zu Weihnachten ein beweglicher Feiertag, denn Ostern fällt immer auf den Sonntag nach dem ersten Frühjahrsvollmond. Die Herkunft des Begriffs »Ostern« ist bis heute nicht gesichert: Verschiedene Etymologen stellen den Begriff neben das altindische Wort *usra*, »Morgenröte«, das dann zu gallo-fränkisch *austro* wird. Andere Forscher führen es auf Osten zurück, also auf den Aufgang der Sonne. Wahrscheinlich hängt es aber mit der lateinischen Bezeichnung »Woche in weißen Kleidern« zusammen. Da »in weiß« im Lateinischen den gleichen Stamm wie »Morgenröte« hat *(alba)*, wurde es mit dem althochdeutschen Begriff *eostarun* übersetzt.

Das Osterfest kennt eine Fülle unterschiedlichsten Brauchtums, von Feuerrädern und Osterfeuern, vom Osterwasser holen, Osterritten, Eiersingen und Eiertänzen, vom Verbrennen des Ostermanns bis hin zum

Aufpeitschen am Osterfeiertag und dem Eierfärben mit den Osternestern und dem Osterhasen. Der Osterhase steht wahrscheinlich als Ersatz für das Osterlamm. In Gebieten, in denen es keine Schafzucht gab, wurde das Lamm kurzerhand durch einen Hasen ersetzt. So fand der Hase Eingang in den Osterbrauch. Heute hat der profane Osterhase das traditionelle Osterlamm so gut wie überall ersetzt.

Spiel mit dem Osterei

Sind die Kinder im Besitz der Ostereier, deren Zahl sich noch beträchtlich durch diejenigen vermehrt, welche sie fast überall von ihren Paten empfangen, so geht es an das Spicken oder Kippen, indem sich immer Zweie, welche Eier haben, zusammentun, und die Eier mit den spitzen oder stumpfen Enden gegeneinander stoßen. Abwechselnd hält der eine oder der andere sein Ei hin, und der Gegner stößt. Wessen Ei dabei zerbricht, der verliert und muss es dem anderen geben, dessen Ei härter gewesen ist.

Otto von Reinsberg-Düringsfeld (1898)

Das Ei war schon von alters her Sinnbild der Schöpfung und Fruchtbarkeit. In manchen Regionen wurden die Eier früher mit christlichen Symbolen verziert, zum Beispiel mit einem Engel oder mit dem Osterlamm, das die Friedensfahne trägt. Bis weit in die Fünfziger Jahre des letzten Jahrhunderts schenkte man in einigen Gegenden Bayerns dem Pfarrherrn Eier, wenn er zum Sammeln der Beichtzettel kam. Und bis heute erzählt man den Kindern, die Eier habe der Osterhase gelegt.

Das Beichtzettelsammeln

Jeder Katholik sollte mindestens einmal im Jahr zur Beichte gehen und vor dem Pfarrer seine Sünden bekennen. Im Normalfall ging man zweimal im Jahr zur Beichte: einmal zu Allerheiligen, also am 1. November, und einmal zur Osterbeichte, meistens in der Woche vor Ostern. Bei der Osterbeichte gab der Priester im Beichtstuhl dem Beichtenden den sogenannten Beichtzettel mit, eine Art Heiligenbildchen mit einem Gebet, und auf der Rückseite waren die Pfarrei und das aktuelle Jahr aufgedruckt. Den Beichtzettel musste der Beichtende gut aufheben, weil in der Zeit zwischen Ostern und Pfingsten der Pfarrer in jede Familie kam, um den Beichtzettel wieder einzusammeln. Damit hatte der Geistliche eine gewisse Kontrolle darüber, ob auch alle bei der Osterbeichte waren, die Voraussetzung für den Empfang des Sakraments der Eucharistie war.

Das Beichtzettelsammeln hatte aber auch noch einen anderen Grund: Es war die Gelegenheit für die Gemeindemitglieder, dem Pfarrer Spenden und Viktualien zukommen zu lassen. Oft hatte der Pfarrer deswegen auch einen Gehilfen dabei, der die ihm überreichten Gaben tragen half. In früheren Zeiten waren die Gaben, die der Pfarrer von den Höfen und Haushalten seiner Gemeinde erhielt, eine wichtige Unterstützung. Oft reich beschenkt mit Naturalien, wie Kartoffeln, Eiern, Selbstgebackenem, Fleisch und vielen anderen Produkten, kehrte der Geistliche ins Pfarrhaus zurück. Nur ein geringer Teil der ländlichen Bevölkerung konnte eine Geldmünze erübrigen, um der Anerkennung der Arbeit des Pfarrers und seines Amtes Ausdruck zu verleihen. Das persönliche Erscheinen des Pfarrers hatte also damals einen seelsorgerischen wie auch einen ökonomischen Hintergrund.

Osterfeuer und Ostereier in Norddeutschland

Das Osterfeuer ist dem nördlichen, das Johannisfeuer dem südlichen Deutschland eigen. Jenes bezeichnet den Eintritt des Frühlings, dieses die Mitte des Sommers.

Im nordöstlichen Ostfriesland wird in der Woche vor Ostern an einer passenden Stelle einer nicht zu kleinen Wiese, dem Dorfe nicht zu nahe, Holz, Strauchwerk, Stroh und Updrift, d. h. das von den Gewässern ausgeworfene Brennmaterial, emsig gesammelt und davon ein Haufen ordentlich aufgebaut. Von dem erbeuteten Pfahlwerk wird zuerst ein starkes Gerüst errichtet, dieses hoch auf mit Sträuchern bedeckt und darüber das Röhricht ausgebreitet, welches die Gewässer gespendet haben. Dürre Äste, Zweige sowie trockenes Stroh werden im Innern sorgsam verwahrt bis zum Abend des Tages vor Ostern, wo es feierlich angezündet und geschürt wird, dass die Flammen hoch hinauf in die Decke hineinzüngeln und dort zünden. Eine leere Teertonne, die der Krämer oder Müller zum billen Preise abließ oder gar schenkte, nimmt nicht den schlechtesten Platz ein und erhöht die Freude bedeutend.

Wenn dann die Flamme knisternd und prasselnd durch alles hindurchdrängt und die Lohe hoch in die Luft steigt und weithin in die Nacht hinausleuchtet, dann umtanzen Kinder und Jünglinge, Knechte und Arbeiter die Stätte und schwingen große, mit Teer gefüllte Strohfackeln, die sie auf einer Heugabel tragen, und das Freudengeschrei und das Jauchzen will kein Ende nehmen.

Aus der Ferne beobachtet, gewähren diese beweglichen Flammengarben einen hübschen Anblick, indem sie sich bald in geordnetem Zug bewegen, bald sich zerstreuen, jetzt vom Hauptfeuer sich entfernen und dann wieder dahin zurückkehren. Die älteren Landleute beteiligen sich selten an der Festlichkeit, sind aber gewöhnlich am Ausgang des Dorfes versammelt, um das prächtige Schauspiel zu genießen, der allgemeinen Lust sich zu freuen und – wehmütig jener Tage zu gedenken, da auch sie mithielten, »Paaske in die Mööte to brennen«.

Sind die Stützen durchgebrannt und ist das Ganze zu einem brennenden Haufen zusammengesunken, dann sucht es einer dem andern an Kühnheit und Mut zuvor zu tun. Man überspringt und durchwandert das Feuer, da dieses schützende Kräfte gegen verschiedene Krankheiten und sonstiges Ungemach haben soll, und mancher Bursche geht, wenn das Feuer erloschen ist, mit halbversengten Kleidern heimwärts.

Ganz ähnlich wird dieses uralte Fest an der Weser gefeiert, denn dort pflegt man, wie Jakob Grimm mitteilt, ein Teerfass auf einer strohumwundenen Tonne zu befestigen und es in der Nacht anzuzünden. Knechte, Mägde und wer dazu kommt, tanzen jubelnd und singend in der Flamme, Hüte werden geschwenkt, Tücher ins Feuer geworfen. Alle Gebirge im Umkreis leuchten. Der ursprüngliche, nur noch in wenigen Gegenden heimische Gebrauch, alles Feuer im Hause ausgehen zu lassen und vom Osterfeuer eine neue Flamme zum Wiederanzünden des Feuers und des Lichts mit nach Hause zu tragen, ist hierzulande völlig verloren gegangen.

Allgemeiner und verbreiteter sind die Ostereier, die am Ostertage gegessen und bunt gefärbt den Kindern geschenkt werden.

Die Spiele der Kinder mit ihren Ostereiern sind in den verschiedenen Gegenden Ostfrieslands verschieden. Hier wird damit gehickt, dort gerollt, dort werden sie auf einer moosreichen Wiese mittels der Schleuder hoch in die Luft geworfen usw. In einigen Gegenden geht die liebe Jugend von Haus zu Haus, die Ostergabe in Empfang zu nehmen, und singt dabei folgende Strophen:

Dideldumdei,
Oomke geef mi'n Paaskeei,
Nix is nix,
Een is wat,
Geef mi twee, dann ga'k mien Pad.
(Oomke: Onkelchen; Paaskeei: Osterei; ga'k mien Pad: geh ich meiner Wege)

Hermann Maier, 1868

Walpurgisnacht

In der Nacht vom 30. April auf den 1. Mai findet nach altem Glauben der letzte Kampf des Sonnengottes mit den dunklen Kräften, den Unholden und Winterdämonen, statt, um den Weg zu bereiten für die Göttin des Frühlings, die nun endgültig in der Natur Einzug halten will. Lange Zeit galt dabei der Brocken im Harz als Zentrum der vielfältigen Opferfeste. Aus vielen, oft auch weit entfernten Gegenden reisten die Menschen an, um an den Frühlingsopferfesten teilzunehmen. Da die öffentlichen Feiern mehr und mehr christlichem Einfluss weichen mussten und das Treiben von den Kirchen als Götzendienst sanktioniert wurde, wagte man nur noch im Geheimen und in verschiedenen Verkleidungen der althergebrachten Tradition gemäß zu feiern. Daraus entstanden dann der Mummenschanz und die abschreckenden Larven. Das närrische Treiben in dieser Nacht, die Feiern mit Feuerstößen, mit Musik und Tanz dauerten oft bis in die frühen Morgenstunden.

Der Monat
Mai

Der Monat Mai ist für viele Menschen die schönste Zeit des Jahres. Sein Name kommt sowohl von der Frühlingsgöttin Maja, der Mutter des Götterboten Merkur, aber auch von lateinisch *maius jupiter*, was so viel heißt wie »Wachstum bringender Jupiter«. Oft wird er auch als der Wonnemonat bezeichnet, was vom althochdeutschen *wunnimanod* kommt, dem Weidemonat. Einerseits blüht nun die ganze Natur und zeigt sich so von der schönsten Seite, die Temperaturen machen regelrecht einen Sprung, und doch fürchtet der Bauer den Mai auch wegen der oft späten Nachtfröste.

Wetterregeln im Mai

Ist es im Mai recht kalt und nass,
haben Maikäfer wenig Spaß.

Wie das Wetter am Kreuzauffindungstag,
bis Himmelfahrt es bleiben mag.

Mai kühl und nass, füllt dem Bauern
Scheune und Fass.

Maientau macht grüne Au,
Maienfröste unnütze Gäste.

Mamertus, Pankratius, Servatius
bringen oft Kälte und Verdruss.

Mairegen auf die Saaten: Es regnet Dukaten.

Nordwind im Mai bringt Trockenheit herbei.

Vor Nachtfrost sicher bist du nicht,
bevor Sophie vorüber ist.

Am ersten Mai treibt man die Ochsen
ins Heu.

Wenn sich naht Sankt Stanislaus,
schlagen alle Bäume aus.

Wie es sich um Sankt Urban verhält,
so ist es noch zwanzig Tage bestellt.

Wenn im Mai die Wachteln schlagen,
läuten sie von Regentagen.

1	Tag der Arbeit	*Arnold, Berta*	L
2		*Boris, Sigismund*	
3	Kreuzfindung	*Philipp, Jakob*	L
4		*Florian, Monika*	
5		*Gotthard, Jutta*	
6		*Markward, Britta*	
7		*Stanislaus, Helga*	S
8		*Friedrich, Desideratus*	S
9		*Volkmar, Theresia*	
10		*Gordian, Anton*	S
11	Eisheiliger	*Mamertus, Angelika*	L
12	Eisheiliger	*Pankratius, Domitilla*	L
13	Eisheiliger	*Servatius, Gerhard*	L
14	Eisheiliger	*Bonifatius, Corona*	L
15	Eisheiliger	*Sophie, Rupert*	L
16		*Johann, Nepomuk*	

17	Dietmar, Bruno	S
18	Erich, Burkhard	
19	Yvonne, Kuno	
20	Bartholomäus, Elfriede	L
21	Konstantin, Wiltrud	
22	Rita, Renate	
23	Desiderius, Guibert	
24	Esther, Dagmar	
25	Urban, Gregor	L
26	Philipp, Alwin	L
27	Augustin, Magdalena	
28	German, Ruthard	L
29	Irmtrud, Maximin	
30	Wigand, Ferdinand	
31	Petronilla, Mechthild	L

Garten- und Feldarbeit im Mai

Weil nun alles blüht und wächst, ist der Mai vor allem der Monat der Pflege: Die Erdbeerbeete sollten aufgelockert und von Unkraut befreit werden. Überhaupt sollten die Gemüsebeete gejätet werden. Die frisch gesetzten Pflanzen regelmäßig gießen!

Nach den Eisheiligen können Bohnen, Kürbisse, Tomaten, Paprika, Gurken, Knollensellerie, Kohlrabi, Melonen und Zucchini im Freien gepflanzt und Spätkartoffeln gesteckt werden. Gesät werden nun auch Mangold, Spinat, Karotten, Rote Bete, Grünkohl, Radieschen und Rettiche.

Auch die Balkonpflanzen können nun endlich gepflanzt werden. Abgeblühte Blätter können von den Stauden entfernt werden.
Wenn das Wetter trocken ist, müssen die frisch gepflanzten Bäume und Sträucher gut gegossen werden. Auf den Äckern werden nun die Rüben und Krautpflanzen gesetzt und der Mais gesät. Die Kartoffeläcker müssen vom Unkraut befreit werden.

Brauchtum und Geschichten

Mainacht in Mecklenburg

In der Mainacht, sagt man in Mecklenburg, ziehen die Hexen nach dem Blocksberg und feiern ihr Fest, wobei sie unter anderem auch Wischtücher braten und essen. Sie reiten dahin auf Besenstielen, Schwingblöcken, Heu- und Dungforken (Mistgabeln), Hunden, Katzen, Menschen usw. Wer des Nachts zwei geerbte Eggen kreuzweis gegeneinander mit den Spitzen nach außen aufstellt und sich darunter setzt, kann sie reiten sehen. Sonntag nach dem ersten Mai müssen die Hexen zur Kirche gehen. Wenn man ein schwarzes Huhn vor Sonnenaufgang schlachtet und ihm das Ei nimmt und damit zur Kirche geht oder wenn man durch einen Erbschlüssel (Zauberschlüssel zur Entdeckung des Diebes) sieht, kann man die Hexen erkennen; sie haben einen Bienenkorb oder den Rand von einem Sieb auf dem Kopf. Man muss aber vor Beendigung des Gottesdienstes außerhalb des Gotteshauses sein, sonst geht es einem übel. Die Hexen blasen einen an, und die Augen fallen einem aus dem Kopf.

Otto von Reinsberg-Düringsfeld

Maibaum aufstellen

Der Maibaum ist ein großer, gerader Baumstamm mit belassenem Wipfelbuschen oder einer künstlichen Krönung. Die Äste sowie die Rinde werden sorgfältig entfernt, und danach wird der kahle Stamm mit Seitenschmuck versehen, der regionaltypisch ausgeführt ist. Seit der Zeit vor dem Ersten Weltkrieg hat der dekorative Sprossenbaum große Popularität erlangt, dies gilt besonders für Bayern und Österreich. Verziert mit ausgesägten und buntbemalten Bildern des Handwerks, gekrönt von einem Kranz mit bunten Bändern vertritt er allgemein das Bild des deutschen Maibaums. Doch ist er keineswegs »uralt«, sondern entstammt den schmuckfreudigen Handwerkersitten des Barock.
Der Maibaum, der an regional verschiedenen Terminen zwischen dem 1. Mai und Pfingsten errichtet wird, häufig zur Kirmes als Kirmesbaum wiederholt, gehört in einen weiträumigen Brauchbereich. In Nordbayern und Hessen ist er zum Beispiel durch sudetendeutsche Flüchtlinge nach 1945 neu belebt worden, denn bei den Sudetendeutschen war das Maibaumsetzen vereinsmäßig fest organisiert.

In hessischen Dörfern ist es auch heute eine Aufgabe der dörflichen Burschenschaft. Sie zieht in der Walpurgisnacht in den Wald und schlägt den vorher ausgesuchten Stamm. Heute wird das ganz modern mit der Motorsäge besorgt, die auch gleich die Äste beseitigt. Dann geht es mit dem Traktor und Anhänger ins Dorf, und die ganze Burschenschaft marschiert im Gleichschritt hinterher und trägt den lang überhängenden Wipfel. Auf dem Festplatz haben die Burschen bereits ein Loch gegraben und die Stangen für die mühsame Aktion des Aufrichtens aneinandergebunden. Wenn dann der Kranz mit seinen bunten Kreppbändern montiert ist, kann die langwierige Aktion des Aufstellens beginnen. Seine Spannung erhält der Brauch nun durch die Konkurrenz mit der Burschenschaft des Nachbardorfes. Die Rivalitäten haben oft eine lange Geschichte, Konflikte, die durch Schlägereien bei Kirmesfesten oder durch Umwerben der Mädchen des Nachbarortes entstanden sind. Auch fühlten sich die Burschen größerer Gemeinden häufig verpflichtet, es denen der kleineren mal zu zeigen, wer hier das Sagen hat, damit die Respekt vor einem haben.

Ingeborg Weber-Kellermann

Maitanz

Wenn der Maibaum unter dem Jubel der Schaulustigen und Gäste glücklich aufgestellt ist und sich die Blaskapelle unter dem Baum aufgestellt hat, dann beginnt für die jungen Leute der traditionelle Maitanz. Der Maitanz ist festlicher und freudiger Ausdruck für den Sieg des Frühlingsgottes über den Wintergott, es ist der Sieg des Lichtes und der Wärme über die finstere Winterzeit und die Kälte.
Und beim Maitanz gediehen die schönsten Schnadahüpfl und Protestverse. Oft entstanden neue Liedverse direkt aus dem Stegreif. Dabei formte jeder Strophen, wie sie ihm gerade einfielen, und sang sie nach einer bekannten Melodie. Aber auch die Musikanten waren oft die Schöpfer neuer Liedverse und Melodien. Nicht selten spendete ein Bursch sein ganzes Geld den Musikanten, damit sie ihm einen aufspielten. »Tausend Guldn hab i di Musikanten gebn. Aba davo reut mi koa Kreuzer. Sie habn mir um dös so viel aufpfiffa, dass i für ewi gnua hab. Wenn si jetz nur a Geigerl rührt, so geh i vo weitn scho weg.«

Josef Schlicht, Blauweiß

Die Eisheiligen

Die Eisheiligen Mamertus, Pankratius, Servatius, Bonifatius und Sophie – in manchen Regionen sind es auch nur drei, dann werden sie als »Eismänner« oder als »gestrenge Herren« bezeichnet – vom 11. bis 15. Mai werden deswegen so genannt, weil um diese Zeit noch einmal Frostgefahr herrscht. In Norddeutschland rechnet man mit den Eisheiligen vom 11. bis zum 13. Mai, in Süddeutschland, Österreich und der Schweiz vom 12. bis zum 15. Mai.

Zeichen für ein gutes Jahr

In Frankfurt zog früher alles hinaus in den Stadtwald, um die Aaronswurz (arum maculatum) zu suchen, an welcher man zu erkennen meinte, ob es ein fruchtbares Jahr geben werde oder nicht. Und diese Gewohnheit hat sich im Laufe der Zeit in ein Volksfest verwandelt, welches häufig am Dienstag nach Pfingsten stattfindet.

Otto von Reinsberg-Düringsfeld

So manche zu früh gesetzte Balkon- oder Gartenpflanze verträgt keine Temperaturen unter Null und geht in diesen oft wirklich sehr kalten Nächten ein. Deswegen heißt es so schön in einer Wetterregel: »Vor Nachtfrost bist du sicher nicht, bevor die kalte Sophie gefeiert ist.« Bei den Schäfern hieß es: »Wer seine Schafe schert vor Servaz, dem ist die Wolle wichtiger als das Schaf.«

Christi Himmelfahrt

Vierzig Tage nach Ostern feiern die christlichen Kirchen das Fest Christi Himmelfahrt. In manchen Gegenden Deutschlands ist dieser Tag den Brunnen geweiht. Dazu werden die Brunnen des Ortes festlich mit Blumen und Lichtern oder Lampions geschmückt. Der Himmelfahrtstag ist vielfach aber auch der Tag, an dem Berge bestiegen oder an dem heilkräftige Kräuter gesucht und gesammelt werden.
In einigen Gemeinden in Schwaben hat sich bis heute der Brauch erhalten, kleine Kränze aus Blumen zu winden und ihn in der Stube über dem Tisch aufzuhängen. Die Blumen für den Kranz sollten jedoch in der Nacht auf Christi Himmelfahrt gepflückt werden.

In manchen Orten hat sich der Brauch erhalten, an Himmelfahrt die sogenannte Glücksblume zu suchen, die an diesem Tag blühe. In anderen Gegenden wiederum wird das Allermannsherrenkraut gesucht und gesammelt, weil es der Überlieferung zufolge Glück und Gesundheit für Mensch und Tier bringt.
In manchen Kirchen in Bayern und Schwaben wird an Himmelfahrt die Christusfigur in der Kirche hochgezogen und verschwindet für die Gläubigen unsichtbar hinter dem Hochaltar, gleichsam als Symbol für die Himmelfahrt Jesu. Für die gläubigen Christen bedeutet das Fest Christi Himmelfahrt, dass Jesus nun ganz bei seinem Vater im Himmel ist und dass er den Menschen nunmehr durch den Heiligen Geist verbunden ist.

Der Monat
Juni

Der Monat Juni hat seinen Namen von der römischen Göttin Juno, der Göttin der Ehe, der Familie und der Geburt. Der Name setzte sich bei uns im 16. Jahrhundert durch. Bis dahin wurde der Juni vor allem Brachmond genannt, aber auch Heu-, Lilien-, Sommer- oder Rosenmond.
Brachmond oder Brachet, wie die Bauern den Monat Juni nannten, deswegen, weil im Juni das Brachfeld bearbeitet wurde. Früher ließen die Bauern ja alle drei Jahre das Feld brachliegen, um den Boden zur Ruhe kommen zu lassen und ihn nicht zu sehr auszulaugen. Der Juni ist aber auch der Gras- oder Heumonat, weil in diesem Monat die Heuernte begann, wie heute noch auf den Almlagen der Hochgebirgsbauern.

Wetterregeln im Juni

Stellt der Juni mild sich ein,
wird mild auch der Dezember sein.

Schönes Wetter auf Fortunat ein gutes Jahr zu
bedeuten hat.

Juni feucht und warm, macht den Bauern
nicht sehr arm.

Juni trocken mehr als nass,
füllt mit gutem Wein das Fass.

Stürmt es an Sonnwend', im nächsten Monat
das Feld heiß brennt.

Viermal Juniregen bringt zwölffach Segen.

Sonne im Juni und recht viel Regen
bringen dem ganzen Jahr den Segen.

Gibt es im Juni Donnerwetter,
wird das Getreide umso fetter.

Im Juni, Bauer, bete, dass der Hagel nicht alles zertrete.

Regnet es am Siebenschläfertag,
es sieben Wochen regnen mag.

Vor dem Johannistag man Gerste und Hafer
nicht loben mag.

Wenn nach Johanni der Kuckuck schreit,
gibt es eine teure Zeit.

1		Fortunat, Justin	L
2		Erasmus, Armin	
3		Clothilde, Hildburg	
4		Christa, Eva	
5		Bonifatius, Lukretia	
6		Norbert, Kevin	
7		Robert, Deochar	
8	Beginn d. Schafskälte	Metard, Helga	L
9		Ephraim, Gratia	
10		Margareta, Diana	
11		Barnabas, Jolenta	
12		Leo, Odulf	
13		Anton, Bernhard	
14		Burchard, Gottschalk	
15		Vitus, Crescentia	L
16		Benno, Quirin	

17		Rainer, Gregorius	S
18		Elisabeth, Felicius	
19		Romuald, Rasso	
20		Benigna, Florentina	
21	Sommeranfang	Aloisius, Gonzaga	L
22		Christine, Eberhard	L
23		Edeltraud, Basilius	
24	Johannistag	Johannes, Theodulf	L
25		Eleonore, Dorothea	
26		Jeremias, Vigilius	L
27	Siebenschläfer	Ladislaus, Cyrill	L
28		Diethild, Irenäus	
29		Peter, Paul	L
30		Otto, Ehrentraud	S

Garten- und Feldarbeit im Juni

Im Garten muss nun vor allem Unkraut gejätet und die Pflanzen von Schnecken und Ungeziefer befreit werden. Erdbeeren und Johannisbeeren sind reif, und die Spargelzeit geht in die letzte Phase.

Im Freien können Salat, Fenchel, Kohlrabi, Spinat, Rüben, Rettich, Mangold, Karotten, Bohnen und Radicchio ausgesät werden. Gepflanzt werden Sellerie, Kohl, Tomaten, Paprika und Gurken, Zucchini und Kürbis.

Abgeblühte Stauden werden zurückgeschnitten und abgeerntete Beete sollten umgegraben und neu bepflanzt werden, zum Beispiel mit frühem Wirsing und frühem Kraut.

Schafskälte

Mit Sankt Metard am 8. Juni beginnt die sogenannte Schafskälte, eine kurze Wetterperiode, die oft kühl, trüb und regnerisch ist.

Brauchtum und Geschichten

Das Pfingstfest im Jahreskreis

Der Begriff »Pfingsten« kommt vom griechischen Zahlwort *pentekoste*. Nach jüdischem Brauch wurde am fünfzigsten Tag nach dem Paschafest mit einem großen Dankfest das Ende der Erntezeit gefeiert.
Für die christlichen Kirchen ist Pfingsten das Gründungsfest der Kirche, da an diesem Tag, also sieben Wochen nach Ostern, der Heilige Geist auf die Jünger herabkam und diese den Auftrag erhielten, das Evangelium den Völkern zu verkünden.

In vielen Gegenden wurden an Pfingsten die Kühe und Pferde zum ersten Mal nach der Winterpause auf die Brachweide getrieben. Die jungen Leute, die beim Viehaustrieb den Schluss bilden, werden Pfingstfuchs bzw. Pfingstbraut genannt, und das Tier, das den Schluss des Zuges bildet, ist entweder die Pfingstkuh oder der Pfingstochse. Der Pfingstochse bzw. die Pfingstkuh werden dann unter lautem Jubel mit Blumen und Laub geschmückt. Davon leitet sich auch der Spruch »Geschmückt wie ein Pfingstochse« ab.

Pfingsten

Die Morgenstunde führt Gold im Munde, und der faule Siebenschlaf bringt sich im ländlichen Bayernhaus überhaupt niemals zu Ehren. Und nun gar am hochheiligen Festtage der flammenden Zungen das Frührot verschlafen, das gilt mit Recht als Volksschande. Auf Grund dessen belebt der Pfingstmorgen das Bayernhaus ganz eigenartig: Wehe dem, der zuletzt aus den Federn kriecht, es ist der »Pfingstl« und fällt dem spottenden Scherz anheim. Ist das Hochamt zu Ende, so weiß man auch schon aus jedem Hause den Pfingstl, und dieselben sind beim festtäglichen Mittagsbraten der Tafeldiskurs.

Nach zwölf Uhr bläst und schnalzt der Hirte durch die Dorfgassen; alle Augen wenden sich heute nach der Viehherde. Und richtig, da stolziert schon eine alte Kuh einher mit dem sogenannten »Pfingstkranz« um den Hals. Der bayerische Dorfhirt muss nämlich gar viel schlucken im Jahr, nicht bloß Sturm und Regen, Frost und Hitze, sondern auch allerhand Plackerei durch saumselige Dirnen. Aber am Pfingsttag kommt seine Zeit. Er hat den Spottkranz gewunden, und wem er denselben heute auftischt, das weiß er schon längst. Er hängt zwar der Kuh den Pfingstkranz um, allein der Dirn gilt's: Sie ist damit als die Faulste des Dorfes an den Pranger gestellt. Man deutet spottend mit den Fingern nach ihr, und die ganze Welt weiß nun, dass sie die langsamste Dirn ist, die dem Hirten den größten Ärger macht, weil sie, wenn er austreibt, niemals mit ihren Kühen zu rechter Zeit, sondern immer hinterdrein kommt wie der »Kirmstrick«. Die oberbayerische Ilm besonders kennt den Pfingstkranz; er ist geflochten aus Feldblumen, jedoch die Hauptrolle spielt der Kalmus mit seiner gelb leuchtenden Blüte und dem grün glänzenden Schwertblatt.

Die tugendfeste Jungfrau ist die Blume derjenigen Religion, welche der Heilige Geist mit seiner allfegenden Glut durchatmet. Niemand schändet darum so gröblich die Ehre des Heiligen Geistes als wie jene bayerische Evastochter, die zum Leichtfuß entartet und die Schamröte abwirft. Sie verfällt denn auch am Pfingstfest einem eigenartigen derben Volksgericht: In tiefer Nachtstunde stellen ihr die Burschen einen strohernen »Pfingstlümmel« vor ihrem Fenster auf. Sie ahnt nichts; bis sie ihn aber morgens gewahrt und wegräumt, zischelt sich die ganze Mädchenwelt schon ins Ohr: »He, dö hat gar an Pfingstlümml kriagt!« Des Spottes ist kein Ende. So sehr ein solches Volksgericht nach dem Faustrecht schmeckt, eins ist jedenfalls auch richtig: Der Tugendhaften wird kein Pfingstlümmel aufgestellt.

Josef Schlicht, Blauweiß

Fronleichnam

Das Fronleichnamsfest geht auf die fromme Ordensschwester Juliane zu Lüttich zurück, die – so berichtet es die Legende – ein sogenanntes »Gesicht hatte« (Traum, Vision), das ihr sagte, dass der Mond eine Lücke habe, die nur durch ein Fest gefüllt werden könne, und zwar ein Fest zu Ehren der Wandlung von Brot und Wein in den Leib und das Blut Christi. So wurde bereits im Jahre 1246 in Lüttich das erste Fronleichnamsfest gefeiert (»Fron« kommt vom althochdeutschen Wort *fro* = Herr). Schließlich wurde das Fest 1262 von Papst Urban IV. kanonisch anerkannt. Im Laufe der Zeit entwickelte sich Fronleichnam zu einem der schönsten und größten Feste der Katholiken, vor allem in Bayern, in Teilen Österreichs und in Tirol.

Johannisfeuer

Der seit ältester Zeit geübte Brauch, den Tag der Sonnenwende mit Feiern – oder besser: Feuern – festlich zu begehen, bekam erst im 15. Jahrhundert eine christliche Bedeutung. Das Sonnwendfeuer wurde zum Fest Johannes des Täufers, das alljährlich am 24. Juni begangen wird. Ursprünglich ein Heil- und Reinigungsfeuer für Menschen und Tiere, Symbol für die Sonne, die an diesem Tag am längsten scheint, steht es nun für die Vergänglichkeit und die wieder kürzer werdenden Tage. Das Feuer wärmt und reinigt, wie die Sonne, ohne die es kein Leben auf der Erde geben könnte.

In einigen Regionen wirft man Strohpuppen in das brennende Feuer. So wie die Strohpuppen vom Feuer verzehrt werden, sollen die bösen Geister und Dämonen im Feuer verbrennen. Das Feuer als Symbol für die Sonne soll Mensch, Tier und Pflanzen vor Hagel und Unwetter, vor Seuche und Ernteschäden schützen. In den Bergregionen werden Räder aus Stroh und Holz am Johannisfeuer entzündet, die man dann brennend den Berg hinunterrollen lässt.

Das Johannisfeuer und die Feier mitten im Sommer, der arbeitsreichsten Zeit im bäuerlichen Leben, gibt Gelegenheit, in einer an Festen armen Zeit innezuhalten und miteinander fröhlich zu feiern. Bis zum Fest des Heiligen Johannes des Täufers stieg die Sonne ständig höher, nun hat das strahlende Licht seinen Höhepunkt erreicht, es wird nunmehr jeden Tag ein wenig mehr abnehmen. Als Lostag endet an Johannis die Schafskälte, und damit beginnt nach der Überlieferung nun die Zeit der Ernte.

Das Fest Johannes des Täufers am 24. Juni hat seine Entsprechung am 24. Dezember, dem Fest der Geburt Jesu, für Christen der Geburt des Lichtes im übertragenen Sinn.

Siebenschläfer

Nach den alten Wetterregeln kommt dem 27. Juni eine ganz besondere Bedeutung zu: So wie das Wetter an diesem Tag ist, so wird es nach altem Glauben sieben Wochen lang bleiben. Bewiesen freilich ist diese Regel nicht. Die Bezeichnung »Siebenschläfer« geht allerdings nicht auf das gleichnamige Murmeltier zurück, sondern auf eine sehr alte christliche Legende: Zur Zeit der Christenverfolgungen sollen sich nämlich sieben Brüder vor ihren Verfolgern in einer Höhle versteckt haben, wo sie jedoch prompt entdeckt und zur Strafe bei lebendigem Leib eingemauert wurden. Die Brüder aber fielen in einen tiefen Schlaf und wachten erst 200 Jahre später, nämlich exakt am 27. Juni, wieder auf. Die Legende verlor sich mit der Zeit in der Geschichte, der magische Tag der Wetterwende aber wird bis auf den heutigen Tag gefeiert.

Eine ähnliche Bedeutung wird in den nördlichen Regionen dem Fest Mariä Heimsuchung, das nur einige Tage später, nämlich am 2. Juli begangen wird, zugeschrieben: Wenn es am Fest Mariä Heimsuchung regnet, dann wird sich das Wetter vierzig Tage lang nicht ändern.

Der Monat
Juli

Der siebte Monat des Jahres verdankt seinen Namen Julius Caesar, der den julianischen Kalender mit 365 Tagen und mit einem Schaltjahr alle vier Jahre eingeführt hat. Nach altrömischer Zählung war der Juli der fünfte Monat des Jahres, da das römische Jahr im März begann. Der Juli wurde auch der Heumond, Heumonat oder Erntemonat genannt, da im Juli das Heu geerntet wurde. In der zweiten Hälfte des Monats beginnt die heißeste Zeit des Jahres, die sogenannten Hundstage. Der Juli ist allerdings auch oft von starken Gewittern und kurzen, aber heftigen Regenschauern geprägt.

Wetterregeln im Juli

Im Juli muss die Hitze braten,
was im Herbste soll geraten.

An Sankt Kilian säe Rüben und Wicken an.

Regen am Sankt-Ulrichs-Tag, macht die
Birnen stichig und mad'.

Fällt an Jakobi die Blüte vom Kraut,
wurden keine guten Kartoffeln gebaut.

Anna warm und trocken, macht den
Bauer frohlocken.

So golden die Sonne im Juli strahlt,
so golden sich der Roggen mahlt.

Regnet es zum Juli heraus, schaut der Bauer nicht gern aus dem Haus.

Ist der Juli heiß und schwül, braucht der Bauer der Hände viel.

Juli schön und klar gibt ein gutes Bauernjahr.

Ist Florentine trocken geblieben, schickt sie Raupen in Korn und in Rüben.

Was der Juli nicht siedet, kann der August nicht braten.

Wenn Ende Juli schon die Schwalben ziehen, sie vor baldiger Kälte fliehen.

1		Dietrich, Theobald	
2	Mariä Heimsuchung	Jakob, Wiltrud	L
3		Thomas, Josef	
4		Ulrich, Berta	
5		Antonius, Letitia	S
6		Maria, Theresia	S
7		Hedda, Edelburg	
8	Vierzehn Nothelfer	Kilian, Amalie	
9		Veronika, Agilolf	
10	Sieben Brüder	Olaf, Erich	L
11		Benedikt, Olga	
12		Nabor, Fortunatus	
13		Mildred, Sara	
14		Goswin, Kamillos	
15	Apostelteilung	Bonaventura, Wiro	L
16		Carmen, Irmengard	

17	Charlotte, Alexius	
18	Arnold, Arnulf	
19	Justa, Rufina	S
20	Margarethe, Wulmar	L
21	Daniel, Laurentius	
22	Magdalena, Verena	L
23	Apollinaris, Brigitta	
24	Christine, Kunigunde	
25	Jakob, Thea	L
26	Anna, Joachim	L
27	Berthold, Pantaleon	
28	Beatus, Viktor	L
29	Flora, Lucilla	
30	Bartho, Beatrix	
31	Ignatius, Goswin	L

Garten und Feldarbeit im Juli

Nun ist die Zeit der Ernte angebrochen. Wird das Obst und Gemüse ziemlich früh am Morgen geerntet, dann bleibt es länger frisch.
Alle Pflanzen müssen nun regelmäßig nach Schädlingen bzw. Ungeziefer untersucht werden. Um die Gemüsebeete sollte man einen Schneckenzaun aufstellen.

Die Hauptarbeit im Garten besteht nun im täglichen Gießen und Unkrautjäten. Wichtig ist auch, die Blütenreste nach dem Abblühen zu entfernen und bei den Obstbäumen einen sogenannten Auslichtungs- und Pflegeschnitt vorzunehmen. Stark tragende Obstbäume werden gestützt, wilde Triebe entfernt, und es muss regelmäßig gegossen werden. Gerade bei Kirschbäumen empfiehlt sich nach der Ernte ein Sommerschnitt.

Nun können im Freien noch einmal Salat, Spinat, Rettich und Radieschen, Bohnen und Mangold ausgesät werden. Die Ausläufer der Erdbeerpflanzen können abgetrennt und neu gepflanzt werden. Vereinzelt werden schon Frühkartoffeln und Blumenkohl geerntet.

Brauchtum und Geschichten

Die Getreideernte

Die Getreideernte war die bedeutendste Periode im ländlichen Arbeitsjahr. Von ihrem Gelingen hingen Wohlstand und Gedeihen der Bauernwirtschaften und Güter ab; auf sie hofften aber auch ein ganzes Jahr hindurch alle ärmeren Landbewohner, Tagelöhner und Landarbeiter. Schon lange vor Beginn des Schnittes mussten sich die Gutsherrschaften und Bauernwirte einer ausreichenden Zahl von Arbeitskräften versichern, um das reife Getreide so schnell wie möglich einbringen zu können (...). Mäher und Binderinnen, Aufraffer und Hockensteller, Harkerinnen und Rechenzieher, Bandejungen und Auflader, alle waren nötig, um den Erntevorgang zu beschleunigen. Dennoch dauerte es auf größeren Besitzungen viele Tage, oft auch Wochen, bis alles Getreide gehauen, gebunden und auf Hocken gestellt war. Bei günstigem Trockenwetter konnte nach einigen Tagen eingefahren werden, was wiederum mit den verschiedenen Arbeitsgängen des Aufladens, Transportierens und Abladens viel Zeit und Kraft in Anspruch nahm. Ein so umfangreicher

Arbeitsprozess mit seinen verschiedenen Abschnitten war begleitet und ein- wie ausgeleitet von Bräuchen und Glaubensvorstellungen, von schützender, schmückender und fordernder Geste und Gebärde.

Ingeborg Weber-Kellermann

Jakobi in Niederbayern

Der heilige Jakobus der Ältere war unter den Aposteln der erste, der den Märtyrertod erlitt. Ursprünglich gedachte die Kirche seiner gemeinschaftlich mit den anderen Aposteln, bis sie etwa im 9. Jahrhundert ein eigenes Fest für den Apostel anordnete und es auf den 25. Juli legte.

Hundstage

Am 23. Juli beginnen die Hundstage, die erst am 23. August wieder enden. In dieser Zeitspanne steht die Sonne in der Nähe des Hundesternes, der auch Sirius genannt wird. Die Hundstage sind als die heißesten Tage im Jahr bekannt.

Jakobifest und Hirtenkirchtag

Das Jakobifest wird auf der Kuppe des Dreisesselberges begangen, auf dem die Grenzen der drei Lande sich so eng zusammenfügen, dass drei Granitblöcke als die Sessel bezeichnet werden, auf denen die drei Landesfürsten, der Fürstbischof von Passau, der Erzherzog von Österreich und der Böhmenkönig, jeder auf seinem eigenen Gebiet, um seinen Tisch Platz nehmen können. Heutzutage ist das Fest kein anderes als der sogenannte Hirtenkirchtag »Almenkirta«, wie er auch in Oberbayern gefeiert wird. Hier, auf diesem Grenzberg, kamen die Hirten der jungen Rinder, die zu Berg getrieben worden, an diesem Tage seit unvordenklichen Zeiten zusammen und vergnügten sich mit besserem Essen und Gespräch, etwa bei einer Zither oder Pfeife: An sie schlossen sich Gäste aus dem Tale an, die ihnen die Lebensmittel zugetragen hatten, und so blieb es Sitte, sie an diesem Tag auf ihrer einsamen Höhe zu besuchen, lange nachdem man vergessen hatte, die alten Umzüge und Umgehungen der Grenzen zu feiern, welche das Heidentum jährlich mit Opfern und anderen feierlichen Bräuchen beging. Noch jetzt bilden die Grenzhirten den

Mittelpunkt des Festes, zu dem nun aber viele Hunderte aus allen drei Landen zusammenströmen: Wirte und Bäcker ziehen zu Berg, Krambuden sind aufgeschlagen, die böhmischen Musikanten spielen zum Tanz, man lagert auf dem Gestein, freut sich der herrlichen Fernsicht, tändelt und zecht und macht gute Freundschaften mit den Nachbarn, bis man spät abends scheidet, indes die Hirten oben auf dem Berg noch ein Feuer schüren und den Abziehenden nachjauchzen.

Felix Dahn (um 1890)

Was Jakobi verspricht

Regnet es am Sankt Jakobstage, so sollen die Eicheln verderben; stehen aber bei Sonnenschein weiße Wölkchen am Himmel, so sagt man, der Schnee blühe für nächsten Winter. Wird der Weißkohl nicht vor Sankt Jakob gehackt, bekommt er nicht viele Häupter, und wenn auf der Rabenau bei Gießen die Frauen an Jakobi das erste Gemüse holen, so klopfen sie dabei an eine große Kopfkohlpflanze und sprechen: »Jakob! Dickkopf! Häupter wie mein Kopf! Blätter wie meine Schürze! Strünke wie mein Bein!«

Arbeiten tu ich wie ein Bär

Ein Gäuländischer (ein kräftiger und bekannter Bursch) bot und trug sich als Ernteknecht an. Dem sagte der Bauer bündig und trocken: »Woaßt d'was, jetz geh vorher zu an anderm Bauer; gibt dir dersel(be) mehr, so will i deim Glück nöt entgegen sein. Von mir, däs merk dir, kriegst du dreiunvierzig Gulden und an g'hörigen Fraß; aber arbeiten muaßt d'wie a Bär!«
Der Erntebursch kannte seinen Bauern schon länger; nickte, schlug ein und sprach ebenso trocken und bündig: »Dös Geld is mir gnua; der Fraß is mir recht, und arbeiten tua ich aah wie a Bär.«

Josef Schlicht (um 1900)

Getreideernte in der Donau- und Isarebene

In der Donau- und Isarebene ist die Ernte in vollem Gang. An den beiden vorhergehenden Samstagen waren, wie gewöhnlich, die sogenannten Straubinger Sklavenmärkte – sich ausbietende Ernteleute und handelnde Gäubauern. Ungezählte Kreinzenwägen mit wohlbepacktem (weiland johlendem) Schnittervolk rappelten Samstagabend auf allen Haupt- und Nebenwegen ihren Bestimmungsorten zu. Sonntagabends widerhallten schon die Gäuwirtsgärten vom Leben der sang- und streitlustigen Wäldler. (...) Nun, wie schaut sich's für die Schrannenbauern? Der Ernteknecht, der die Garben hebt und in die Viertel wirft, schwitzt unsäglich, keucht, kneift die Lippen aufeinander – ein untrügliches Anzeichen, dass dicke schwere Körner vollzählig in den Ähren stecken! »Heuer wird's mehr Getreide als seit vielen Jahren!« sagt er, und er ist ein glaubwürdiger Schätzmann. Kriegt er doch als Schnitter sozusagen jeden Halm zwischen die Finger und wägt er beim Aufmannln und Ableeren jede Garbe! (...) Halt! Da im Weizenacker drüben ertönt's: »Ich hab' keine Schneid' mehr!« Der Männliche geht nun die

Hälfte des Weges zurück, die Weibliche die Hälfte des Weges vor. Das ist der Gebrauch. Der Knecht wetzt der Dirne, der Anderknecht der Anderdirne, der Drittler der Dritterdirne, der Erntekerl dem Erntemensch. Früher gab die Weibliche ein eigenes »Wetzgeld« – einen Gulden oder ein seidenes Markttuch. Seit zehn Jahren ist dieser ländliche Minnesold abgekommen. (...)
»Zum Brot!« Der Knecht im Weizenacker links hat's mit Stentorstimme gerufen. Da sind ihrer nun dreizehn beisammen. Der eben angekommene Bauer hat eine Maß Bier in die Schüssel gegossen, emsige Hände schnitteln und brocken das Brot hinein. Die drei Weiblichen sitzen züchtig; drei Männliche liegen auf dem Bauch und stechen die Bierbrocken aus der Schüssel, zwei knien, zwei hocken auf den Fersen, einer liegt auf dem Rücken, die beiden letzten wälzen sich von einer Seite zur andern. Am Brot darf niemand rütteln, denn von morgens 4 bis abends 8 Uhr währt die tägliche Erntearbeit, und sie geht vor sich, fest gefugt unter eiserner Manneszucht! Brot, Bier, Rettig – Brot, Kletzen und süße Brühe – Bier und Brot, so wechselt es an den verschiedenen Plätzen ...

Josef Schlicht (18. Juli 1868)

Der Monat August

Der achte Monat im Jahr hat seinen Namen von Augustus – was so viel wie »der Erhabene«, »der Ehrwürdige« heißt –, dem Würdenamen des Kaisers Oktavian. Ursprünglich wurde der Monat Erntemond oder Sommermond genannt. Diese Bezeichnungen konnten sich aber nicht durchsetzen, da in den Klöstern und Kanzleien ausschließlich das lateinische *augustus* gebräuchlich war.
In verschiedenen Gegenden wurde der achte Monat auch der Sichelmond genannt, in Anlehnung an die Sichel, das Werkzeug also, mit dem das Getreide geschnitten wurde.

Wetterregeln im August

Bläst im August der Nord, so dauert
gutes Wetter fort.

Der Tau ist dem August so not wie jedermann
sein täglich Brot.

Um Mariä Himmelfahrt, das wisse,
gibt es die ersten Nüsse.

Sankt Oswald muss recht trocken sein,
sonst wird teuer Korn und Wein.

Augustsonne, die schon am Morgen brennt, nimmt am
Nachmittag kein gutes End'.

Regnet es am Laurenzitag, gibt es große Mäuseplag.

Wenn es im August ohne Regen abgeht,
das Pferd vor leerer Krippe steht.

Fängt der August mit Hitze an, bleibt sehr lang
die Schlittenbahn.

Nach Laurenzi ist es nicht gut, wenn das Rebholz
jetzt noch treiben tut.

Im August viel Regen, ist dem Wein kein Segen.

Im August der Morgenregen wird vor Mittag
noch sich legen.

Um Bernhard starker Morgentau
hält den Himmel lange blau.

1	Petri Kettenfeier	*Alfons, Peter*	S
2	Portiuncula	*Eusebius, Gundekar*	
3		*Lydia, Burchard*	L
4		*Dominikus, Johannes*	L
5		*Oswald, Mariä Schnee*	L
6		*Gilbert, Hermann*	
7		*Afra, Sixtus*	
8		*Cyriakus, Hilger*	
9		*Edith, Franz*	
10		*Laurentius, Astrid*	L
11		*Klara, Philomena*	
12		*Radegunde, Karl*	
13		*Kassian, Hippolyt*	L
14		*Maximilian, Eberhard*	
15	Mariä Himmelfahrt	*Rupert, Altfried*	L
16		*Rochus, Stefan*	

17	Karlmann, Jutta	S
18	Helene, Agabius	L
19	Sebald, Siegbert	
20	Bernhard, Ronald	
21	Pius, Balduin	S
22	Regina, Sigfrid	S
23	Rosa, Richildis	
24	Bartholomäus, Isolde	L
25	Ludwig, Patricia	
26	Gregor, Alexander	
27	Monika, Gebhard	
28	Augustinus, Elmar	L
29	Sabine, Verona	S
30	Inge, Heribert	
31	Paulinus, Raimund	

Garten- und Feldarbeit im August

Der Monat August ist auch im Garten vor allem vom Ernten unserer reifen Feld- und Gartenfrüchte geprägt. Nun gibt es Karotten, Rettiche, Bohnen, Salat, Radieschen, Spinat, Mangold, Kohlrabi und auch schon frühe Kartoffeln.

Zur reichen Ernte kommt dann die arbeitsintensive Verarbeitung der Früchte. Hinzu kommt das tägliche – manchmal sogar zweimalige – Gießen, weil es gewöhnlich in der ersten Hälfte des Monats noch sehr heiß und trocken ist. Auch der Rasen muss regelmäßig gesprengt und verblühte Blumen müssen regelmäßig entfernt werden

Es können noch einmal Salatpflänzchen gesteckt, Spinat, Feldsalat und Radieschen gesät werden. Küchenkräuter können geschnitten und eventuell geteilt werden.
Die Kirschbäume können nun gut ihren Sommerschnitt bekommen. Die Äste der stark tragenden Obstbäume sollten abgestützt werden, damit sie nicht abbrechen.

Brauchtum und Geschichten

Portiuncula-Ablass

Noch bis in die Sechziger Jahre des letzten Jahrhunderts hinein war bei den Katholiken der 2. August bzw. der Sonntag, der auf den 2. August folgte, ein ganz besonderer Feiertag. An diesem Sonntag wurde Portiuncula, Maria von den Engeln, gefeiert. Der Portiuncula-Sonntag war ein großer Buß- und Beichttag im Jahreslauf. Wer an diesem Sonntag oder am Tag davor die Beichte ablegte und das heilige Sakrament der Eucharistie empfing, der konnte einen vollkommenen Ablass gewinnen. Der Ablass ist die sogenannte Befreiung von Kirchen- oder Sündenstrafen. Nach katholischer Glaubensauffassung kann man durch einen Ablass das Fegefeuer abkürzen.

Laurentius

Am Laurentiustag, der am 10. August gefeiert wird, finden in vielen Gegenden die ersten Kirchweihfeste statt. Laurentius ist der Patron der Feuerwehrleute, Köche und Bäcker. Er schützt nach katholischem Glauben vor Brandwunden und Hauterkrankungen. Bis in die Zwanziger Jahre des letzten Jahrhunderts hinein fand an Laurentius vielfach der sogenannte Schäfersprung statt. An diesem Tag versammelten sich die Schäfer in der Zunftherberge, um miteinander zu feiern. Das Fest begann mit einem Gottesdienst, an den sich dann verschiedene Wettkämpfe und Geschicklichkeitsspiele anschlossen. Dabei konnte man bunte Bänder gewinnen oder auch ein besonders schön geschmücktes Lamm. Am Abend fand dann eine Art Kirchweihtanz statt, an dem das gesamte junge Volk eines Ortes teilnahm.

Besonders eindrucksvoll waren wohl die oft zu dieser Zeit auftauchenden Sternschnuppenschwärme.

Mariä Himmelfahrt

Mit Mariä Himmelfahrt am 15. August erreicht der Sommer seinen Höhepunkt. Im bäuerlichen Leben wurde an diesem Tag die harte Erntezeit noch einmal für einen Tag unterbrochen. In den Kirchen wurden die Kräuterweihen vollzogen. Das Wissen um die Heilkraft der Kräuter wird schon seit alters her überliefert, und

sie werden seit vielen hundert Jahren gesammelt, getrocknet und zu unterschiedlichen Essenzen weiterverarbeitet. In der katholischen Kirche ist es seit dem 10. Jahrhundert Brauch, Kornähren und Kräuter zu weihen; sie sollen vor Krankheiten, Wetterschlag und bösen Geistern schützen. Wegen der Kräuterweihen wird das Fest in einigen Gegenden Bayerns auch Büschelfrauentag genannt.
Neben der Verfügbarkeit und Reife der notwendigen Kräuter ist für die Kräuterweihe an Mariä Himmelfahrt sicher auch wichtig, dass Maria in altchristlichen Gebeten als »Blume des Feldes und Lilie der Täler« bezeichnet wird. Auch viele Kräuter des »Würzwischs« tragen den Namen Marias, etwa das Marienblümchen, der Marienstiel und andere.

Nach der feierlichen Weihe der Kräuterbüschel werden diese sorgfältig neben den geweihten Palmbuschen hinter dem Kreuz aufbewahrt. Zieht ein Gewitter auf, so werden einige der dürren Blumen und Stängel genommen, mit Weihwasser befeuchtet und auf den Küchenherd gelegt. Nun werden alle Fenster und Türen geschlossen, damit der Rauch, der von den Kräutern aufsteigt, nicht ins Freie entweicht, sondern sich im Haus gut ausbreiten kann. Nach alter Überzeugung waren auf diese Weise Haus und Feld vor Unwetterschäden geschützt.

Bartholomäustag

Der heilige Bartholomäus war einer der zwölf Apostel Jesu. Der Legende nach verkündete er das Evangelium in Persien, Indien, Ägypten und Armenien. In der Bartholomäusnacht wurden 1572 mehr als 2000 Protestanten auf Geheiß Katharina de Medicis auf grausame Weise getötet. Die Bartholomäusnacht ist in Frankreich Synonym für das Massaker an den Hugenotten.

Mit dem Fest des heiligen Bartholomäus am 24. August endete der bäuerliche Sommer. Um den Bartholomäustag herum war meist auch die Getreideernte zu Ende, und vielerorts im deutschen Sprachraum wurden sogenannte Bartholomäus-Märkte abgehalten.
In Bayern und Österreich werden an Bartholomä die Gänse und Karpfen ausgewählt, die für das Weihnachtsfest gemästet werden sollen.

Fischerstechen

In manchen Orten, die an einem See liegen, wird am Bartholomäustag ein sogenanntes Fischerstechen veranstaltet. Bei diesem Wettbewerb treten immer zwei Boote zum Wettkampf gegeneinander an. Jedes Boot ist mit einem »Kämpfer« und einem Steuermann besetzt. Oft ist der Kämpfer farbenfroh verkleidet und steht vorne am Bug des Bootes mit einer langen Holzstange, an deren Spitze meist eine runde Holzscheibe befestigt ist. Damit muss er versuchen, seinen Gegner zu treffen und aus dem Boot ins Wasser zu stoßen. Für die Kämpfer gilt es, möglichst lange trocken zu bleiben. Sieger ist, wem es gelingt, alle Gegner mit der Stange ins Wasser zu befördern und selbst in seinem Boot standhaft und trocken zu bleiben. Es ist nicht erlaubt, nach der Stange des Gegners zu greifen oder mit unlauteren Mitteln den Sturz des Gegners zu provozieren. Ausscheiden muss auch, wer seine Stange verliert, ohne selbst nass zu werden.

Frauendreißigst

Die Tage von Mariä Himmelfahrt bis Mariä Geburt oder deren Oktave, also die Zeit vom 15. August bis 15. September, wurden in einigen Regionen Süddeutschlands und in Tirol Frauendreißigst genannt. Diese Zeit war den Menschen besonders heilig und galt als sehr bedeutend. Während dieser Periode, so hieß es, verlieren die giftigen Pflanzen und Tiere alles Gift oder einen großen Teil desselben. Das »Anblasen« und »Anpfeifen«, wovor sich der Tiroler so fürchtet, weil es nach einem tief verwurzelten Glauben Menschen und Tiere verwirrt, schläfrig oder sogar krank machen kann, verliert seinen Schrecken und kann keinen Schaden mehr zufügen. Eier, in der Zeit des Frauendreißigst gelegt, werden nicht faul und sind vorzüglich zum Ausbrüten im Frühjahr geeignet. Ein dreifacher Segen aber ruht während dieser Zeit auf allen Gewächsen der Erde, welche dem Menschen nützlich sind, und alle Hausmittel, Kräuter und Blumen, die man zu Tee oder Medizin nötig hat, bringen, wenn sie in dieser Zeit gesammelt wurden, dreifach bessere Wirkung hervor als gewöhnlich. Einige Kräuter, wie die Baldrianwurzel gegen kranke Kuheuter, darf man nach der im Zillertal herrschenden Volksmeinung sogar nur an den drei Sonntagen zwischen den Frauentagen, und zwar morgens bei Sonnenaufgang, pflücken, wenn sie helfen sollen.

Weihezeremonie und Aberglaube

Wem es möglich ist, der lässt auch, unter den Blumen versteckt, eine Dreisgenkröte mitweihen. Denn Kröten, in der Dreisgenzeit gefangen, getötet und gedörrt, sollen gegen Zauber schützen, und der rechte Fuß einer Dreisgenkröte, mit einem roten Faden über die Herzgrube gehangen, wird für ein sicheres Mittel gegen das Fieber gehalten.

Otto von Reinsberg-Düringsfeld (1897)

Der Monat
September

Der neunte Monat des Jahres ist nach dem lateinischen Zahlwort *septem,* der siebte Monat, benannt, da das altrömische Jahr mit dem März begann. Altdeutsch hieß der neunte Monat auch Herbstmond oder Früchtemond, denn nun war die Haupterntezeit für Wein und Früchte gekommen. Im September liegt der Herbstbeginn. Und »Herbst« kommt von althochdeutsch *herbist,* was übersetzt »schneiden« bedeutet. Im September, in Teilen Deutschlands auch Spätjahr genannt, werden die Tage spürbar kürzer, wenngleich sich das Wetter oft noch mit sehr warmen und äußerst angenehmen Tagen von seiner schönsten Seite zeigt.

Wetterregeln im September

Wenn im September viele Spinnen kriechen,
dann sie einen harten Winter riechen.

Lamberti nimm Kartoffeln heraus, doch breite
ihr Kraut auf dem Felde aus; der Boden will für seine
Gaben doch ihr Gerippe wieder haben.

Ein warmer September ist des Jahres Spender.

Wie Ägidius sich verhält, ist der ganze Herbst bestellt.

Wenn an Gorgonius die Sonne am Himmel lacht,
es dem Bauern viel Freude (Taler) macht.

Nach Mariä Geburt fliegen die Schwalben furt.
Bleiben sie noch da, ist der Winter noch nicht nah.

Tritt Matthäus ein, muss die Saat beendet sein.

Fällt das Laub zu bald, wird der Herbst nicht alt.

Im September viel Schleh', im Winter viel Schnee.

An Maria Namen sagt der Sommer Amen.

Viele Eicheln im September, viel Schnee im Dezember.

Septemberregen kommt dem Bauern gelegen; wenn er aber den Winzer trifft, ist er ebenso schlecht wie Gift.

Donnert es im September noch,
liegt der Schnee zu Weihnacht hoch.

1		Ägidius, Verena	L
2		Ingrid, Absalon	S
3		Gregor, Sophia	
4		Irmgard, Rosa	
5		Roswitha, Bertin	
6		Magnus, Eskil	
7		Regina, Otto	
8	Mariä Geburt	Hadrian, Seraphina	L
9		Gorgonius, Otmar	L
10		Theodard, Nikolaus	
11		Felix, Protus	L
12		Maria, Degenhard	S
13		Johannes, Tobias	
14	Kreuzerhöhung	Kornelius, Notburga	L
15		Ludmilla, Dolores	S
16		Cyprian, Julia	

17	Hildegard, Robert	
18	Lambert, Richardis	
19	Janarius, Igor	
20	Eustachius, Fausta	
21	Matthäus, Debora	L
22	Moritz, Emmeram	L
23	Gerhild, Thekla	
24	Virgil, Gerhard	
25	Kleophas, Gottfried	L
26	Kaspar, Kosmas	
27	Vinzenz, Dietrich	
28	Wenzel, Lioba	L
29	Michael, Raphael	L
30	Hieronymus, Urs	

Garten- und Feldarbeit im September

Nun können Spätkartoffeln, Lauch, Speisemais, Weißkohl und Bohnen geerntet werden. Zwiebeln, Karotten, Rote Bete und Sellerie dürfen noch ein paar Wochen stehen bleiben. Im Freien werden Feldsalat und Zwiebeln ausgesät.

Rhabarber lässt sich nun gut für die Überwinterung pflanzen. Wenn Brombeeren und Himbeeren geerntet sind, können die Stauden gelichtet und geteilt werden. Die im Sommer blühenden Sträucher und Stauden sollten jetzt gepflanzt werden.

Äpfel und Birnen sollten etwa ein bis zwei Wochen vor der Reife geerntet werden. Dann lagert man das Obst möglichst in einem kühlen, dunklen Raum. Noch unreife Tomaten kann man jetzt mit einer Folie abdecken, damit sie schneller reifen.

Das Pflanzenwachstum lässt nach der Reifephase deutlich nach, sodass nun nicht mehr so oft gegossen werden muss. Eventuell den Rasen noch einmal mähen.

Brauchtum und Geschichten

Erntedankfest

Mit dem Erntedankfest, das meistens am ersten Oktobersonntag, manchmal auch schon Ende September begangen wird, endet im Brauchtumsjahr die an Festen arme Sommerzeit. Nun sollten die Menschen für das danken, was sie erhalten haben.

In den Kirchen werden die Altarräume festlich mit den Früchten des Feldes, mit Blumen, Äpfeln, Zwetschgen, Nüssen, Rüben, Kürbissen, Kartoffeln und Getreide geschmückt. Über den meist kunstvoll drapierten üppigen Gaben thront gewissermaßen der Erntekranz – oder besser gesagt: die Erntekrone. Sie wird mit langen Getreidehalmen sorgfältig geflochten und mit Feldfrüchten und Bändern verziert.

Früher, als es noch keine Mähdrescher gab, als alles noch mit Muskelkraft geleistet werden musste, als das Wachstum noch nicht von chemischen Düngemitteln, sondern hauptsächlich vom Wetter abhängig war, da beging man den ersten Schnitt des Getreides in einer Art Segnungsfeier. In dieser Zeremonie wurden die Sensen und Rechen gesegnet. Das erste Fuder musste ohne Lärm und Streit eingebracht werden, sonst bedeutete es Unglück. Und die letzten Körner einer Ernte wurden unter das Saatgut für das nächste Jahr gemengt. Und am Ende der Ernte flochten die Mägde aus den längsten und schönsten Halmen auf dem Feld einen Kranz, der dann für alle sichtbar an den Kornschober oder eine Erntehütte gehängt wurde. Wenn dann alle Felder abgeerntet und alle Fuder glücklicherweise und ohne Unglück eingebracht waren, wurde der Kranz in einer Art Umzug von den Knechten und Mägden auf den Bauernhof geholt und bei der anschließenden Erntefeier dem Bauern übergeben. Der hängte ihn dann meist auf dem Hof auf.

Wurzeln des Erntedanks

Das Fest geht auf heidnisch-germanische Zeiten zurück, wahrscheinlich bis ins 3. Jahrhundert. Die Juden feiern seit alters her mehrere Erntedankfeste im Laufe des Jahres: Das Laubhüttenfest ist das Fest der Lese, also der Weinernte, das Wochenfest, Schawout genannt, ist das Dankfest für die Weizenernte.

Das Erntedankfest auf dem Hof wurde mit Spielen, Tanz und einem festlichen Erntemahl begangen. Manche der hintersinnigen Spiele weisen auf alte Fruchtbarkeitsriten hin. Viele kirchliche Feiern heute verbinden mit dem Erntedank konkrete Hilfe für und Solidarität mit den hungernden Menschen in der Welt. Auch diese Seite des Dankes für die reichhaltige Ernte gilt es zu sehen und zu feiern.

Bauer und Knecht

Das besondere Verhältnis zwischen Bauer und Oberknecht gibt folgende Geschichte sehr plastisch wieder: Er ist aus dem linken Donauland und rückte im rechten vom Stallbuben zum Oberknecht auf. Die Wirtsstube, wo er sich dem Gäubauern antrug, war beim Höllbräu in der Gäubodenstadt; der Hof selbst hat vierhundert Tagewerk* Grund.
Noch heute** rühmt der Hans: »In der Hölle hinten hat er mit mir verhandelt, und mir gleich einen Kronentaler Drangeld gegeben; das ist mir noch nie passiert.« Und erzählt dann, wie es zwischen Bauer und Knecht zuging am Dingtag und später.

»Meinst du vielleicht, du bist für an Oberknecht nicht noch zu jung und zu klein? Du kannst es schon machen. Es ist halt ein großer und schwerer Platz!«

»Machen? Machen? Ich glaub schon! Es ist fast beleidigend. Na, Bauer! Dann probieren wir es halt einmal auf ein Jahr!«

»Na, Hans, was ich bisher so gesehen habe, machst du den Oberknecht. Aber heute haben wir einen besonderen Einstand: Zwanzig Weizenschneider sind auf dem Feld, und ich muss in die Stadt hinein. Wie wird es dir da heute gehen? Pass nur gut auf, ja!«

»Lass dir sagen, Bauer: Fahr du nur in deine Stadt hinein. Ich mache auf dem Feld zu Hause den Oberknecht, und es fehlt nichts. Der Bauer spannt ein, und ich habe zwanzig Ernteleute unter mir, darunter Kerle, die um einen Kopf größer waren als ich! Mein Lieber. Dann habe ich halt vom Leder gezogen: Alle sind sie hinter mir geblieben, keiner ist mir beim Schneiden nachgekommen. Drei Kronentaler Erntegeld hat mir dann der Bauer gegeben.«***

Der Bauer spendete nach der Probezeit seinem Oberknecht alles Lob, und nun blieben sie acht Jahre beisammen.

Heute steht dieser Hans in seiner Dienststube und Wapperlrente (Wapperl: Marken kleben) und zieht einhundertzweiundvierzig Mark im Jahr. Wer ihn fragt: »Na, Hans, wie lebst du denn in deinem königlich-bayerischen Leibtum (Austrag)?«, dem gibt er die zufriedene Antwort: »Na, es geht gut; von der Rente kann ich mir täglich eine Maß Bier und einen guten Schnupftabak dazu leisten; ich bin zufrieden!«

* Etwa 135 Hektar Grund

** Etwa zu Beginn des letzten Jahrhunderts

*** Der starke Dialekt wurde vorsichtig ins Hochdeutsche übertragen.

Nach Josef Schlicht, Blauweiß

Michaeli

Der Name Michael kommt aus dem Hebräischen und bedeutet »Wer ist wie Gott«. Der Erzengel Michael wird mit einem Schwert dargestellt, weil er Adam und Eva aus dem Paradies vertrieben haben soll. Spätere Darstellungen zeigen Michael mit einer Ritterrüstung, die ihn im Kampf gegen den Drachen schützt, der die Kennzeichen Satans trägt. Im Mittelalter reichte man dem heiligen Michael den ersten Wein des Jahres, den sogenannten Heurigen. Damit verbunden war ein

Wechsel- und Festzeit

Früher war Michaeli (29. September) ein wichtiger Feiertag für die Bauern und Dienstboten. An diesem Tag wechselten die Mägde und Knechte häufig ihre Dienststellen. Auf den Michaelimärkten vergnügte man sich, und dort konnte man wichtige Dinge einkaufen. In manchen Gegenden sind diese Märkte bis heute erhalten.

Festessen mit Kastanien und Wein. An Sankt Michael wurde auch die Tagundnachtgleiche begangen. Nun begannen die Handwerker wieder bei Licht zu arbeiten. Der Meister stiftete dann zum Michaelstag eine Lichtgans oder einen Lichtbraten.

Der Michaelistag bildete früher zugleich den Abschluss der umfangreichen Herbstbräuche. Und um Sankt Michael herum beginnen in den Alpen noch heute die Almabtriebe.
»Dann endete das Wirtschaftsjahr, Zahlungen wurden fällig, Rechtsgeschäfte dringlich, und das Gesinde

wechselte und erhielt seinen Lohn. Aber auch die Lohnzeit der Tagelöhner galt beispielsweise in Schlesien von Georgi bis Michaeli, und die Tage um Michaelis als ein wichtiger Gesindewechseltermin (neben Lichtmess am 2. Februar) wurden von den Gutsbesitzern gern zur Abhaltung des versprochenen Erntefestes für alle an der Erntearbeit Beteiligten gewählt.«

Ingeborg Weber-Kellermann

Der Monat
Oktober

Nach dem julianischen Kalender ist der Oktober der achte (von lateinisch *octavus, octo* = acht) Monat im Jahr. Andere Namen für den Oktober waren Weinmond, Reifmond und Gilbhard. Mit dem Altweibersommer, der meist schon in der letzten Septemberwoche beginnt und oft bis Mitte Oktober mit mildem Herbstwetter anhält, beginnt nun die eigentliche Übergangszeit vom Sommer zum Winter. Manchmal kommt es im Laufe des Monats zu den extremsten Temperaturstürzen des ganzen Jahres. Zu Beginn ist der Oktober oft mild und warm, und am Ende liegt nicht selten bereits eine zentimeterdicke Schneedecke.

Wetterregeln im Oktober

Nichts kann besser vor Raupen schützen
als Oktoberreif in Pfützen.

Oktoberhimmel voller Sterne hat warme Öfen gerne.

Hat schon im Oktober der Hase ein dickes Fell,
dann kümmere dich um viel Brennholz schnell.

Fällt das Laub auf Leodegar, so ist das nächste
ein fruchtbar Jahr.

Regen an Sankt Remigius bringt den
ganzen Monat Verdruss.

Wenn der Zugvogel im Oktober zeitig geht,
naher Winter vor der Türe steht.

Wie im Oktober die Regen hausen,
so im Dezember die Winde sausen.

Im Oktober der Nebel viel, bringt im Winter
der Flocken Spiel.

Am Tage von Krispin sind alle Fliegen dahin.

Bringt der Oktober viel Frost und Wind,
so sind der Januar und Februar sehr lind.

Kommt schon im Oktober die Feldmaus ins Dorf,
so kümmere dich eifrig um Holz und um Torf.

Ist der Oktober freundlich und mild,
ist der März dafür rau und wild.

1		Remigius, Werner	
2		Leodegar, Gottfried	L
3	Tag der Dt. Einheit	Theresia, Ewald	S
4		Franz, Aurea	
5		Flavia, Placidus	
6		Friederike, Renatus	S
7		Justina, Markus	
8		Demetrius, Brigitta	
9		Dionysius, Sara	L
10		Gereon, Viktor	
11		Ethelburg, Bruno	S
12		Herlinde, Edwin	
13		Koloman, Simbert	
14		Burkhard, Hildegund	
15		Hedwig, Willa	
16		Gallus, Florentin	L

17	Ignatius, Anselm	
18	Lukas, Gwenn	L
19	Laura, Isaak	
20	Wendelin, Johanna	
21	Ursula, Irmtraud	L
22	Kordula, Salome	
23	Severin, Jakobus	
24	Antonius, Evergislus	
25	Krispin, Daria	
26	Gilbhart, Amandus	
27	Sabina, Wolfhard	
28	Judas, Simon	L
29	Narziss, Berengar	
30	Bernhard, Theogar	
31	Wolfgang, Noitburg	

Garten- und Feldarbeit im Oktober

Nun ist es Zeit, die Balkonkästen auszuleeren und die Kübelpflanzen ins Haus oder den Keller zu bringen, wo sie in Ruhe überwintern können.
Noch nicht abgeerntetes Gemüse mit einer Folie vor eventuellen Nachtfrösten schützen. Im Mistbeet unter Glas Endivien, Spinat und Karotten aussäen. Den Boden lockern und dann mit Kompost oder Mist düngen.
Die umgegrabenen Beete vertragen eine Gründüngung und brauchen für den Winter eine Mulchschicht.

An den Obstbäumen Leimringe anbringen, damit die Raupen den Bäumen nicht schaden können. Frostrisse eventuell mit Weißanstrich versehen.
Auch im Winter brauchen die Pflanzen Wasser. Daher sollte man noch vor dem ersten Bodenfrost Stauden und Sträucher nicht zu stark wässern.

Von Mitte bis Ende Oktober findet die Zuckerrübenernte statt. Den ganzen Monat wird Futtermais gehäckselt und siliert. Und nun ist es auch höchste Zeit, die Wintergerste anzubauen.

Brauchtum und Geschichten

Goldener Oktober

Im Monat Oktober zieht die Natur Bilanz. Die Felder sind bis auf den Futtermais abgeerntet, auf den Balkonen müssen nun die Blumenkästen geleert und die Blumenstöcke an einen kühlen, aber hellen Ort gebracht werden. Der Garten wird aufgeräumt und die ganze Natur bereitet sich auf die kalte Jahreszeit vor.

Altweibersommer

Von Altweibersommer spricht man, wenn um den 20. Oktober herum noch sommerlich warme Temperaturen vorherrschen. Junge Spinnen lassen sich mit dem Wind umherwehen und hinterlassen hauchdünne Spinnweben, die als Glück bringend gelten. Manchmal werden sie nach mythischen Spinnerinnen benannt, wie beispielsweise Frau Holle oder die Frau im Mond. In Bayern sind die hauchdünnen Spinnenfäden auch unter den Namen Marienseide, Frauensommer oder Liebfrauenfaderl bekannt.

Der heilige Franziskus

Im Monat Oktober feiert die katholische Kirche den Geburtstag eines ganz besonderen Heiligen: Franz von Assisi, der Patron der Blumen und Tiere. Franz von Assisi war der Sohn eines reichen Kaufmanns in Italien. Geboren um das Jahr 1182, zog der junge Francesco in der Welt umher, feierte ausgelassene Feste und ging ganz in der Rolle des reichen, jungen Müßiggängers auf. Da fesselte ihn eine ernste Krankheit ans Bett, und er kam zum Nachdenken über sein sinnentleertes Leben. Er beschloss, sein Leben nun ganz auf Jesus auszurichten und sich bedingungslos der Armut zu verschreiben. Er verkaufte sein gesamtes Hab und Gut, zog Buße predigend in einer aus einfachem Sackleinen gefertigten Kutte und barfuß durchs Land und erbettelte Geld und Essen für die Pflege von Kranken und Mittellosen. Bald schlossen sich andere junge Gleichgesinnte seiner Bewegung an. Und aus diesem Zusammenschluss entstanden der Franziskaner- und der Kapuzinerorden. Franz und sein Orden stehen für eine junge, arme Kirche, fern allen Prunks, ohne Privilegien. Schon bald wurden beide Orden vom Papst anerkannt.

Der heilige Franz von Assisi wird meistens mit einer Lilie, einem Kruzifix und mit Tieren dargestellt, mit denen er der Legende nach sprechen konnte.

Das Kirchweihfest

Etwa seit dem 11. Jahrhundert feiert die katholische Kirche das Fest, an dem jeweils das Gotteshaus einer Gemeinde vom Bischof geweiht wurde. Da das genaue Datum bei vielen alten Kirchen jedoch nicht mehr bekannt ist, legte man die sogenannte Landkirchweihe auf den dritten Sonntag im Oktober. In manchen Gemeinden jedoch wurde das Kirchweihfest auf den Patroziniumstag des Heiligen gelegt, dem das Gotteshaus geweiht war. Noch bis in die Sechziger Jahre des letzten Jahrhunderts hinein wurde das Kirchweihfest in vielen Gemeinden Bayerns von Freitag bis Montag gefeiert. Für die Landbevölkerung war der Montag arbeitsfrei, die Geschäfte waren am Montagnachmittag geschlossen, und in den Gasthäusern spielte die Musik zum Tanz auf bis spät in die Nacht. Vielerorts wurde laut und ausgelassen gefeiert, und in nahezu jeder Gemeinde hatte sich ein ganz eigenes, charakteristisches Fest entwickelt.

Das Kirchweihfest hat sich auch in rein protestantischen Gegenden erhalten, in denen es eine Kirchweihe im engeren Sinn nicht gibt; dass die Kirchweih – oder Kirmes, Kirta, Kerb, Kilbi, Kirwe – zum Herbstfest der Landbevölkerung wurde, hat sicher mit dem Ernteabschluss zu tun. Da die Landwirte nun die Ernte verkauft hatten, zahlten sie das Gesinde und die Erntehelfer aus. So hatten alle Geld, mit dem sie tüchtig feiern und kaufen konnten.
Kirchweih markiert insofern auch den Abschluss des Erntejahres, da mit Michaeli nicht selten auch das Gesinde wechselte. War die Ernte reichhaltig und konnte sie gut und ohne Unwetter und Unfälle eingebracht werden, waren Herr und Gesinde miteinander zufrieden und verlängerten den Arbeitsvertrag, dann war dies Grund genug, ausgelassen zu feiern.

Oft gibt es in den Gemeinden zum Kirchweihfest Bierzelte, Karussells, Schießbuden, Schiffschaukeln und andere Vergnügungsstätten. In den Familien wurde das Kirchweihfest feierlich mit einem Festessen und eigens für das Kirchweihfest gebackenen Kücheln oder Ausgezogenen, einem Hefe-Schmalz-Gebäck, begangen.

Kirchweih im 19. Jahrhundert

Am Tag der Kirchweih wird, wie an anderen Festtagen, mit allen Glocken zum Gottesdienst geläutet, der Schulmeister als Organist leitet eine Vokal- und Instrumentalmusik, und der Prediger hält eine Rede, in der er gewöhnlich vergebens gegen das eifert, was kurz danach in vollem Maße eintritt.
Nach dem Gottesdienst wird das Mittagsmahl eingenommen, zu dem sich zahlreiche Freunde und Verwandte aus den benachbarten Ortschaften eingefunden haben. Meist wird es durch den Zudrang der Bettelleute gestört, zu deren Abfertigung oft kaum zwei Personen genügen.
In den Dörfern katholischer Herrschaftsbesitzer erscheint am Sonntagnachmittag der Beamte mit seinem Gefolge und beordert den Schulzen nebst den zum Tanz bereiten jungen Leuten in das Wirtshaus. Von dort geht der Zug unter Vortritt des Schulzen, des Schulmeisters als Gerichtsschreiber, des Amtsknechts und einigen anderen dazu verordneten Personen mit Musik zu der in oder beim Dorf befindlichen Linde, wo die eigentlichen Lustbarkeiten stattfinden sollen.

Bevor sie jedoch beginnen, wird die Linde einige Male umgangen, und dann im Namen der Herrschaft der sogenannte Kirchweihschutz abgelesen, in dem die Leute zu Friede und Einigkeit – unter Bedrohung strengster Ahndung in Übertretungsfällen – ermahnt werden. Beim Schluss der Vorlesung wird unter Freudenschüssen die Gesundheit der Herrschaft, des Amtmanns und des Pfarrers ausgebracht, und nun wird um die Linde getanzt, wobei auch die Umstehenden zum Tanz gezogen werden, indem der eine oder andere Bursche seine Tänzerin einem Zuschauer vorstellt und seinerseits eine der Zuschauerinnen zum Tanz auffordert. Nach einigen Stunden geht der Zug wieder in das Wirtshaus zurück, wo das Tanzen und Singen die ganze Nacht fortgesetzt wird.

Die Kirchweih begraben

Am Ende der Kirchweih wird in vielen Gemeinden die Kirchweih unter lautstarker Trauer und Klage begraben. Dabei ziehen die jungen Leute singend und von einer Musikkapelle begleitet durch das Dorf, bis sie an die ausgemachte Stelle kommen, wo die Kirchweih begraben werden soll. Die Kirchweih wird meist durch verschiedene Gegenstände wie einer Flasche Wein, einem Keferloher, bunten Bändern und einigen Lumpen symbolisiert. Da beginnt dann einer der Burschen ein Loch zu graben, in das der Wein oder das Bier geschüttet, vereinzelt auch Kuchen, Lumpen und Bänder hineingelegt werden. Wenn die Kirchweih begraben ist, begibt sich der ganze Zug unter lautstarkem Klagen wieder vor das Wirtshaus, wo die Musik schlagartig von der Trauer- in die Tanzmusik wechselt. Und nun wird bis Mitternacht getanzt.

Nach Otto von Reinsberg-Düringsfeld (1898)

Der Monat November

Der Monat November war ursprünglich der neunte (von lateinisch *novem)* Monat im römischen Kalender. Er wurde auch Windmond, Wintermond und Nebelmond genannt.
Der dunkle Monat, in dem sich die Sonne oft schwer tut, durch die dichten Nebel und Wolken zu dringen, bietet eine Reihe wichtiger Festtage, von Allerheiligen bis Sankt Katharina. Allerheiligen geht auf die Einweihung einer Kapelle zu Ehren Jesu Christi und aller Apostel und Heiligen zurück. Der Toten wurde dagegen erst an Allerseelen gedacht. An Sankt Kathrein fand dann mit dem Kathreinstanz das letzte fröhliche Fest vor Weihnachten statt.

Wetterregeln im November

Ist Sankt Martin trüb, wird der Winter lind und lieb;
ist er aber hell, macht er Eis gar schnell.

Sitzt November fest im Laub,
wird der Winter hart, das glaub'.

Wenn es an Karolus stürmt und schneit,
lege deinen Pelz bereit und heiz im Ofen wacker ein –
bald zieht die Kälte bei dir ein.

Dem heiligen Klemens traue nicht,
nur selten zeigt er ein mildes Gesicht.

November-Morgenrot mit langem Regen droht.

Allerheiligen-Reif macht die Weihnacht starr und steif.

Wenn um Martini Regen fällt,
ist es um den Weizen nicht gut bestellt.

Baumblüte im November gar, noch nie ein
gutes Zeichen war.

Tummeln sich an Gertrud noch Haselmäuse,
ist es noch weit mit Winters Eise.

Wenn es friert auf Sankt Virgil,
bringt der März noch Kälte viel.

Wenn an Mariä Opferung die Bienen fliegen,
werden ein Hungerjahr wir kriegen.

Sankt Elisabeth sagt es an, was der Winter für ein Mann.

1	Allerheiligen	*Harald, Luitpold*	L
2	Allerseelen	*Angela, Sylvia*	L
3		*Hubert, Pirmin*	
4		*Karl, Agricola*	
5		*Emmerich, Elisabeth*	
6	Leonhardi-Ritt	*Leonhard, Modesta*	L
7		*Engelbert, Karin*	
8		*Gottfried, Gregor*	
9		*Theodor, Roland*	
10		*Justus, Leo*	
11	Sankt Martin	*Martin, Agnes*	L
12		*Kunibert, Josaphat*	S
13		*Stanislaus, Brictius*	
14		*Alberich, Sidonis*	
15		*Leopold, Marinus*	L
16		*Othmar, Margarete*	

17		Gertrud, Mundita	
18		Odo, Hilda	
19		Elisabeth, Mechthild	L
20		Korbinian, Bernward	
21	Mariä Opferung	Albert, Johannes	L
22		Cäcilia, Philemon	
23		Klemens, Kolumban	L
24		Flora, Chrysogonus	
25		Katharina, Egbert	L
26		Konrad, Gebhard	L
27		Virgil, Bihildis	
28		Jakob, Gunther	
29		Jolanda, Friedrich	
30		Andreas, Volker	

Garten- und Feldarbeit im November

An milden Tagen können die Obstbäume und Beerensträucher zurückgeschnitten werden. Die neuen Beete sollten noch vor dem Wintereinbruch umgegraben und Unkrautwurzeln entfernt werden.

Mit der Ernte von Lauch, Meerrettich, Weißkohl und Rosenkohl geht das Erntejahr zu Ende. Auf den Feldern werden die letzten Rüben und der Flachs geerntet und der nunmehr schon sehr braune Futtermais wird gehäckselt oder gedroschen. Nun ist es auch Zeit, den Dünger auszufahren.

Die Baumscheiben sollten mit Kompost oder Laub gemulcht, die Rosen und alle winterfesten Ziersträucher mit Tannen- oder Fichtenzweigen abgedeckt werden. Das abfallende Laub wird aufgesammelt.

Für die Nützlinge werden Laub- und Reisighaufen angelegt und für die Vögel Futterhäuschen aufgestellt. Gartenteiche werden gesäubert und die im Freien verlegten Wasserleitungen entleert.

Brauchtum und Geschichten

Leonhardifahrt

Am 6. November, dem Patronatstag des heiligen Leonhard, finden in verschiedenen Orten in Bayern und Österreich die sogenannten Leonhardifahrten oder Leonhardiritte statt. Das Fest geht auf Leonhard von Limoges, einem Benediktinerabt im Frankreich des 6. Jahrhunderts, zurück. Leonhard ist der Schutzpatron der Tiere auf dem Bauernhof, heute in erster Linie der Pferde. Die Leonhardifahrt oder der Leonhardiritt ist eine Prozession, bei der um eine dem heiligen Leonhard geweihte Kirche mit vier- und sechsspännigen Truhenwagen gefahren oder auch geritten wird.

Zum Abschluss der Wallfahrt werden die Pferde gesegnet und dann ein rhythmisches Peitschenknallen veranstaltet, das auf einen vorchristlichen Brauch zurückgeht. Sollten doch durch das Peitschenknallen die Geister und Dämonen abgewehrt werden.

Ungesichert ist eine mögliche Verbindung mit der altgermanischen Weihefahrt zum Göttervater Wotan, die dann im Zuge der Christianisierung zu einem christlichen Brauch wurde.

Sankt Martin

Da das Fest des heiligen Martin gleichzeitig der Geburts- und Namenstag Martin Luthers ist, dürfen ihn beide Konfessionen an aufeinanderfolgenden Tagen feiern.

Einer uralten Sitte gemäß rufen in Vlämisch-Belgien die Eltern am Abend vor Martini alle ihre kleinen Kinder zusammen, stellen sie in einen Winkel der Stube und

St. Martin hoch zu Ross

Sankt Martinus auf seinem Soldatenschimmel gehört unbestritten zu den beliebtesten Volksheiligen. Scheint um den elften November herum die Sonne noch einmal schön herbstlich warm, so heißt es flugs: »No ja, der Martinus muaß si halt für sein Schimm'l no a Wintaheu dörrn!«

Hat es im Gegenteil eine Schneedecke heruntergewirbelt, so sagt man kopfnickend einverstanden: »Da Martinus kimmt auf an Schimm'l.«

Josef Schlicht, Blauweiß

werfen ihnen von der Tür aus Äpfel, Nüsse, Zuckerwerk und Pfefferkuchen zu, indem sie nachher vorgeben, der heilige Martin habe es getan. Die Kinder glauben es, danken dem Heiligen und geloben, fortan artig und fleißig zu sein. Wenn aber eins nicht mehr glauben will, dass der Heilige diese Leckereien ihnen mitgebracht habe, darf es nicht mehr auflesen, weil es dann, wie man zu sagen pflegt, den heiligen Martin kennt und der heilige Martin von Jedermann ungekannt und ungesehen bleiben will. Sobald man sich umdreht, geht er fort, ohne etwas zu geben.

Otto von Reinsberg-Düringsfeld (um 1890)

Vom Haberfeldtreiben

Lieber Karl und Freind!

Du weißt schon von selber, das es bei einen Bauernmensch, wie mich, nicht vüll heist mit der Schreiberei; wenn ich Ahles mit dem Maul verzählen könnt, wär mir wohl leicht lieber.

Gestern hat's geschnackelt bei uns beim Haberfelldreiben. Denn die Haberersach ist ja ein alter Brauch aus der Revallazion (Revolution) oder Karl dem Grosen, wodurch man die Obrigkeit und anderen Leute, die man sonst nicht ankahnn, ordentlich abstrafft wegen der Lumperei. Weil es aber jetzt mehr Spitzbuben giebt, wie friherszeit, so giebt es auch mehr Haberfelldreiben und war gestern ein wunderschener Dag dazu. Alle Laken und Dreck war bei der Nacht verfroren und so stockfinster, das man sein Nebensmann nicht einmal sehen konnte, wann man nichts davon weiß. Um elf Uhr die Schandaren haten ihren Paterol (Patrouille) gemacht, da herte Man aufeinsmal hinter dem großen Higel hint einen graussamen Spidagl (Spektakel). Sonsten war ahles ruhig und Stiehl, wie es sich auf eine so finstere Nacht gehört. Nun aber bald entstand sich auch am Wald ein Licht mit grosem Geschrei. Die Schandaren liffen vor aber ein Wachsbosten, den sie gar nicht gesehen haten rieff – »Halt oder es schnalt.« Da die muthigen Schandaren nicht hint bleiben wollten, so schoß der Wachsbosten loß und zwei Kügel pfipfen ihnen zwischen dem Köpfen durch. Wo sich aber das Licht entstanden hatte, kamen nun viele hundert Menschen zum Fürschein, lauter Haberfelldreiber mit ihrer ganzen Rüstung und Maschkra (Maskerade). Auf den grosen Hügel sie nahmen Stand, liesen Rageden (Raketen) auffahren, leide-

ten mit alle Glocken und fingen an ihre Vorwürf zu ruffen.
Zum ersten backten sie den dicken Wirth, weil daß Birr so schlecht ist und mit der essenden Sach ist's auch nichts Gutes. Auch der Unterbögner ist verschandtelt worn, denn der hatt Geld und wird einesmalst ein warmer. Aber dum ist er hinfür, wie ein Rosskopf, kann er freilich nichts daffür, daß ihm sein Hirnkasten so kurz zugeschnitten ist.
Und erst das schöne Lisel haben sie spöttisch gemacht! Daß der ganze Fensterstock schon zerkratzt ist von den Liebhaber und daß sie gleich zwei Kindt auf ein Jahrgang zügelt hatt, auf Lichtmeß ein Buben und auf Weihnächten das Diendl.
Wahr iß aber schon auch, daß ein Schand iß mit der Lisel ihre böse Tugenden. Wie des Ahles mit der Verkündigung vorbeigewest ist, gieng der Spidagl von Neun (Neuem) an, alte Häfen und anderes Geraffel wurte zusammengeschlagen, auch die grose Trommel aus dem russischen Krieg oder sonst einem Alterthum war dabey. Zuletz schosen sie ahle Bixen ab, spülten einen Tanz auf und backten dann schnel zusammen, und lieffen in den Wald hinein. Wie sie davon waren,

kammen die muthigen Schandaren sehr zahlreich herbei, allein es waren Ahle schon lengst entwitscht. Großer Schaden wurde keiner angestifft, nur im Hintermaier sein Saustahl haben sie die Wand hineingedruckt und sind ihm auch zwei Stück Geißvieh verloffen. Aber am andern Früh war das Geißvieh von unsichtbare Hände schon wieder angehankt und die eingedruckte Summe lag in Stahl daneben. Das Feuerwerck und die Musik war sehr schön, das ist Ahles, die Neuigkeit von der Burgl schreib ich Dir das nächstemal. Gestern haben wir ein scheckiges Kalb bekommen und der Schusterhansel ist auch gestorben. Ich beschliese mein schreiben mit dem Wunsch auf ein langes glückseliges Leben und Wohlauf und bin Dein bereitwüliger Freind
Egidius Steinberger

Soweit die »Originalkorrespondenz« unseres Berichterstatters. Schon sein Brief verrät es mit großer Naivität, dass es weit mehr auf den »Spektakel« als auf ein moralisches Rügegericht hinausläuft, wenn jetzt ein Haberfeldtreiben gehalten wird, und wer jemals Gelegenheit fand, einem solchen persönlich beizuwohnen, der wird diesen Eindruck in verstärktem Maße gewinnen. Vor

Zeiten hatte wohl diese Volksjustiz ihre innere Berechtigung, in jenen feudalen Zeiten nämlich, da die Welt in Herren und in Hörige geteilt war und nur jener Recht erhielt, der schon die Macht besaß. Wie die meisten Sitten oder doch fast alle Unsitten, die zur Stunde im Hochland bestehen, ihre letzte Wurzel in den früheren bäuerlichen Grundverhältnissen haben, so ist es auch mit dem Haberfeldtreiben der Fall; es war das empörte Rechtsgefühl, das sich unter dieser Maske Geltung verschaffte und jenen die Strafe gab, die man mit legitimen Mitteln schwer erreichen konnte. Daher die tiefe Vermummung, die nächtliche Stunde und das verschworene Geheimnis, das über dem ganzen Bunde waltet.

Karl Stieler (um 1871)

Der Monat
Dezember

Der zwölfte Monat des Jahres war nach der Zählung des römischen Kalenders der zehnte Monat – lateinisch *decem* = zehn. In der bäuerlichen Tradition wurde der Dezember auch Christmond, Julmond, Wintermond oder Frostmond genannt. Der Name Julmond kommt aus dem Schwedischen, dort bedeutet *Jul* »Weihnachtsfest«. Obwohl im Dezember der Winter seinen Anfang nimmt, ist das Wetter gerade um die Wintersonnwende herum oft ausgesprochen mild. Meist hält in den Tagen nach Weihnachten der von strengem Frost begleitete Winter endgültig seinen Einzug.

Wetterregeln im Dezember

Dezember kalt mit Schnee, gibt Korn auf jeder Höh'.

Fällt zu Eligius ein starker Wintertag,
die Kälte wohl vier Monate dauern mag.

Geht Barbara im Klee, kommt das Christkind
im Schnee.

Hängt zu Weihnachten Eis an den Weiden,
kannst du zu Ostern Palmen schneiden.

Je dicker das Eis um Weihnachten liegt,
desto zeitiger der Bauer Frühling kriegt.

Am Stephanstag muss es windstill sein,
sonst fällt die Hoffnung auf den Wein.

Haben es die unschuldigen Kindlein kalt,
so weicht der Frost noch nicht bald.

An Sankt Luzia ist der Abend dem Morgen nah.

Ist Sankt Lazarus nackt und bar, gibt es einen
gelinden Februar.

Je dunkler es überm Dezemberschnee war, desto mehr
leuchtet der Segen im nächsten Jahr.

Im Dezember sollen Eisblumen blüh'n,
Weihnachten sei nur auf dem Tische grün.

Fließt Nikolaus noch der Borkensaft,
dann kriegt der Winter keine Kraft.

1		*Eligius, Natalie*	L
2		*Bibiana, Blanka*	L
3		*Franz Xaver, Gerlinde*	
4		*Barbara, Adolph*	L
5		*Niels, Reginhard*	
6	Nikolaustag	*Nikolaus, Albin*	L
7		*Ambrosius, Gerald*	
8	Mariä Empfängnis	*Edith, Konstantin*	L
9		*Valerie, Eucharius*	
10		*Angelina, Eulalia*	L
11		*Tassilo, Danasus*	
12		*Dietrich, Franziska*	
13		*Luzia, Odilia*	L
14		*Berthold, Johannes*	
15		*Christiane, Nina*	S
16		*Adelheid, Dietrich*	

17		*Lazarus, Jolanda*	L
18		*Philipp, Wunibald*	
19		*Susanna, Urban*	
20		*Eiko, Regina*	
21		*Thomas, Peter*	L
22		*Marian, Jutta*	
23		*Viktoria, Ivo*	
24	Heiligabend	*Adam, Eva*	L
25	1. Weihnachtstag	*Anastasia, Therese*	L
26	2. Weihnachtstag	*Stephan, Dionysius*	L
27		*Fabiola, Johannes*	
28		*Otto, Julius*	
29		*Winthir, David*	
30		*Lothar, Felix*	
31	Silvester	*Melanie, Gunter*	L

Garten- und Feldarbeit im Dezember

Im Dezember ist vor allem auf den notwendigen Frostschutz im Garten zu achten. Alle empfindlichen Pflanzen müssen mit Fichtenreisig abgedeckt werden. Staudenbeete und Baumscheiben sollte man großzügig mulchen. Auch die Kübelpflanzen sollten mit Reisig abgedeckt werden. Wenn der Schnee liegen bleibt, bildet er einen natürlichen Schutz vor starkem Frost. Der Gartenteich sollte an einer Stelle eisfrei gehalten werden.

Verschiedene Wintergemüse wie Rosenkohl und Lauch können bei mildem Wetter noch geerntet werden. Auch Obstbäume können noch geschnitten werden. Es empfiehlt sich, regelmäßig das Obstlager zu kontrollieren und faule Früchte zu entfernen.

Letztendlich eignet sich das kalte Wetter im Dezember sehr gut für die Pflege und Instandsetzung der Gartenwerkzeuge. Im bäuerlichen Leben war der Dezember vor allem die Zeit der Ausbesserung und Zeit für die Holzarbeit.

Brauchtum und Geschichten

Advent

Der Begriff »Advent« kommt aus dem Lateinischen und bedeutet »Ankunft«. Die Adventszeit ist auf Weihnachten ausgerichtet, auf die Geburt Jesu. Verwandt mit dem Begriff Advent ist das englische Wort *adventure*, was übersetzt »Abenteuer«, »Wagnis« oder auch »unerwartetes Erlebnis« heißen kann. Im Französischen heißt *aventure* auch »sich auf etwas einlassen«.

Im Christentum wird Advent seit dem 5. Jahrhundert gefeiert. Erst Papst Gregor der Große legte die Adventszeit auf die vier Sonntage vor Weihnachten fest. Denn ursprünglich geht es den Christen ja nicht nur um die Erwartung, sondern um die Wiederkunft des Herrn. Und die Erwartung seines Erscheinens ist dann das Ende der Zeiten.

Die Adventszeit soll uns daran erinnern, dass wir noch nicht am Ziel sind. Die Vorbereitung auf das Höhere, nämlich die Geburt Jesu, sich mit Fasten und strengen Bußvorschriften auf das, was da kommen werde, einzulassen, ist dann in gewisser Weise ein Wagnis, ein Abenteuer, ein unerwartetes Erlebnis.

Träume im Advent

Altem Volksglauben nach haben die Träume an den vier Adventssonntagen ganz besondere Bedeutung. Kündigen sie doch in ihren Traumbotschaften an, was die nächsten vier Quartale des Jahres an Ereignissen bringen werden.

In manchen Gegenden Süddeutschlands und Österreichs wird der Advent »angeblasen«, d. h. Musikanten ziehen von Dorf zu Dorf, von Haus zu Haus und erinnern so an den Beginn der Zeit der Erwartung. Eng verbunden mit diesem Brauch sind die Adventsumzüge (»Klöpfelnächte«).

Der Heilige Abend

Der bayerische Magen steht mit den Fastenkasuisten auf sehr gespanntem Fuß. Am Heiligen Abend indessen nimmt es der Bayer ungewöhnlich streng. Morgens isst er gar nichts; mittags speist er bloß einiges Warmes: Erbsen (die »Arbis-Suppen«), Nudeln und gesottene

Kletzen; abends »kollatzt« (vom französischen *collation* = leichtes Mahl an Fasttagen) er, d. h. er isst nur mehr ein bisschen Kaltes: Dörrobst und Gebackenes. Der festliche Charakter tritt nun schon deutlicher in den Familienkreis herein. Die Stube ist an keinem Tag im Jahr so ausnehmend blank gefegt wie am heiligen Christabend, der Boden mit appetitlichem frischen Schnittstroh mattenartig belegt: eine lang ersehnte Kinderfreude. Unersättlich kugeln und purzeln sie im Stroh herum, vergessen sind Bank und Stuhl und »Lodern und Höllwinkel«, die sonstigen Lieblingsplätze um den Ofen herum.

Aber es ist auch der Heilige Abend. Schon hat der bayerische Bauer die Hauslegende, sitzt am Tisch und um ihn herum Weib und Kind, Knecht und Dirn. Nun hebt er zu lesen an von der Heiligen Familie: Christkind, Maria und Joseph, von der Stallherberge, von den Hirten und Engeln. Die ewig alte Geschichte mit der ewig neuen Lehre. Strahlenden Auges lauscht das Kleinvolk den Erzählungen von Christkindleins Bescherungen und geht alsdann auf väterliches Kommando in die Federn, aber erst, nachdem in ihrem Beisein die Mutter an das Fenster die geräumige Schüssel gestellt hat, damit ja das Christkind recht viel »einnickelt«, d.h. einlegt, wie Sankt Nikolaus, auf gut bayerisch der Nikel genannt. Das Großvolk dagegen hat freien Entscheid: die einen bleiben auf bis zum Mettenamt, die andern gehen ins Bett und lassen sich mitternachts wecken. Die Regel ist: dass das ganze weibliche Hofvolk bis auf die Bäuerin in die Metten geht. (...)

In der Christmetten selbst liegt ein besonderer Reiz von ewiger Frische. Die einzige Mitternacht mit hochfeierlichem Gottesdienst, die ganze Dorfkirche in flimmerndem Kerzenschein und eingedrückt voll katholischen Volks, auf der Musikempore die vielliebe Hirtenmesse, bei welcher die Orgelpfeife zur Schalmei wird und das Gloria zum Kuhreigen (»ranz des vaches« ist mit dem Cäcilianismus von den Kirchenchören verschwunden); jeder Altar mit seinem Christkindl und namentlich das auf dem Hochaltar im langen goldverbrämten Hemdlein, mit dem rechten Händchen segnend und in dem linken die blaue Weltkugel tragend, ein feines rotwangiges Gesichtlein die Augenweide aller Mütter, Jungfrauen und Mädchen. Das bayerische

Mettenamt bringt geistliche und leibliche Freuden: es führt zur morgenländischen Wiege des Christkindleins und von da zum blauweiß-heimatlichen Tafelgenuss. Kaum hat sich die warme Stube mit der heimkehrenden Familie gefüllt, so stellt die Hausfrau schon die duftig abgebräunte Mettenblunze auf den Tisch, zu der sich nach unrüttelbarem alten Herkommen die Leberwürste gesellen, das gesottene Schweinerne mit Kraut und das hochfesttägliche Weißbrot. Dieser nächtliche Christschmaus endet köstlich vergeltend das strenge heilige Vorfasten. Und nun wechseln die Wachtposten: die vor der Metten aufgeblieben, legen sich jetzt schlafen. (...)

Als leibliches Labsal schiebt sich zwischen Frühamt und Hauptgottesdienst die speckige Morgensuppe; um halb neun erklingt abermals die Glocke. Was an Altarschmuck, Paramenten und Kirchenmusik aufzubringen ist, wird zum Weihnachtshochamt aufgeboten. Katholisches Bayernvolk erfüllt Körper an Körper die Kirche: in Pelz, Wolle, Tuch und Seide.
Der Christmittag ist ein bayerischer Rauhnachtstisch mit Bier und Schweinsbraten in Hülle und Fülle.

Joseph Schlicht (um 1900)

Die magische Kraft des Mondes

Schon seit alters glauben die Menschen an die geheimnisvolle Kraft des Mondes. So bezeichnete man ihn als die Mutter allen Lebens, als Herrscher über unsere Gefühle. Der Mond ist in vielen Sprachen weiblich: italienisch und spanisch *la luna,* französisch *la lune,* und auch das englische *moon* ist weiblich. In vielen Kulturen und Religionen stellt er eine zentrale Gottheit dar, so bei den Römern Luna und Diana, bei den Griechen Selene und Artemis. Unergründlich wie das Unbewusste, das Seelenleben des Menschen ist auch die Kraft des Mondes, und deshalb war man nicht nur von seinem Einfluss auf Körper und Gesundheit, sondern auch auf Tiere und Pflanzen überzeugt.

Leben nach dem Mond

Wie die Sonne ist der Mond für das Werden und Vergehen, für Wachstum und Bewegung verantwortlich. Mit wechselnder Gestalt verändert sich auch sein Einfluss auf Mensch und Natur, auf alles Leben, das uns umgibt, angefangen von den Früchten in Garten und Feld bis hin zu den Tieren in Haus und Hof.

Die Mondphasen

Etwas mehr als 28 Tage braucht der Mond, um sich einmal um die Erde zu drehen, und in dieser Zeit sehen wir den Mond in seinen verschiedenen Formen und Phasen: Bei *Neumond* ist der Mond für knapp zwei Tage nicht zu sehen, er steht exakt zwischen Erde und Sonne. Der *zunehmende Mond* ist an der nach links geöffneten Sichel zu erkennen, bis zum *Vollmond* dauert es dann noch etwa 13 Tage. Für knapp einen Tag ist nun der *Vollmond* als helle, kreisrunde Scheibe zu erkennen. Der kreisrunde Mond nimmt anschließend etwa 13 Tage ab, bis er nicht mehr zu sehen ist. Der *abnehmende Mond* ist an der nach rechts geöffneten Sichel zu erkennen.

Die Tierkreiszeichen

Der Mond durchläuft während seiner Wanderung um die Erde alle zwölf Tierkreiszeichen. Dabei hält er sich in jedem Zeichen zwei bis drei Tage auf. Jedes Sternzeichen übt auf die Natur eine unterschiedlich starke Wirkung aus. Beim Pflanzen, Säen und Ernten werden die Sternzeichen folgenden Tagen zugeordnet:

Fruchttage	Element Feuer	Widder, Löwe, Schütze
Blatttage	Element Wasser	Krebs, Skorpion, Fisch
Blütentage	Element Luft	Zwilling, Waage, Wassermann
Wurzeltage	Element Erde	Jungfrau, Stier, Steinbock

Garten und Landwirtschaft

Bei der Arbeit in Feld und Garten können Sie sich die verschiedenen Mondphasen sowie die besonderen Eigenschaften der Tierkreiszeichen zunutze machen. Auf den Seiten 192 bis 195 finden Sie den Mondkalender für das Jahr 2009, damit Sie die folgenden Informationen zur richtigen Zeit anwenden können.

Richtet man sich beim Säen und beim Bearbeiten des Bodens nach den Mondphasen, kann man mit einem deutlich höheren Ertrag rechnen. Bei abnehmendem Mond fließen die Kräfte der Pflanze in die Wurzeln zurück, die ganze Kraft geht in den unterirdischen Teil. Diese Phase ist der ideale Zeitpunkt zum Säen und zum Pflanzen von Gemüse, das unter der Erde wächst. Bei zunehmendem Mond geht die ganze Kraft in den Teil der Pflanze, der oberirdisch wächst. Das heißt, alles, was oberhalb der Erde wächst, sollte bei zunehmendem Mond gesät und gepflanzt werden.

Rückschnitt von Bäumen und Sträuchern

Bäume sollten jedes Jahr zugeschnitten werden, damit sie gleichmäßig in die Höhe und nicht zu dicht wachsen. Dieser Rückschnitt ist vor allem für Obstbäume wichtig, damit sie gesund bleiben und möglichst viele Früchte tragen. Der geeignete Zeitpunkt zum Ausschneiden der Bäume ist bei abnehmendem Mond. Sträucher sollten ebenfalls jedes Jahr zugeschnitten werden, und zwar bei abnehmendem Mond.

Obstbäume veredeln

Der richtige Zeitpunkt für die Veredelung der Obsthölzer ist bei zunehmendem Mond, möglichst zeitnah dem Vollmond.

Kräuter und Heilpflanzen sammeln

1. Blüten sollen an einem Sonnentag bei zunehmendem Mond oder Vollmond gesammelt werden. Zum Sammeln eignen sich notfalls auch Blütentage.
2. Blätter werden bei zunehmendem Mond und Vollmond oder an Blatttagen gesammelt.
3. Wurzeln werden bei Vollmond oder abnehmendem Mond ausgegraben.
4. Früchte und Samen werden bei zunehmendem Mond oder an Fruchttagen geerntet.
5. Lagerung: Getrocknete Kräuter werden nur bei abnehmendem Mond in Gläser gefüllt, damit wird der Fäulnisgefahr vorgebeugt.
6. Kräuter im Tierkreiszeichen der Waage gesammelt, helfen in Form eines Tees bei Blasen- und Nierenbeschwerden.
7. Kräuter im Tierkreiszeichen der Jungfrau gesammelt helfen bei Beschwerden im Magen- und Darmbereich.

Gemüse pflanzen

1. Wurzelgemüse, wie beispielsweise Zwiebeln, Sellerie oder Karotten, wird an einem Wurzeltag gepflanzt. Die Kartoffel jedoch nimmt eine Sonderstellung ein: Sie soll bei abnehmendem Mond gesteckt werden, möglichst in zeitlicher Nähe zum Vollmond.
2. Brokkoli und Kohlgemüse wird an einem Blütentag bei zunehmendem Mond gepflanzt.
3. Blattgemüse, wie Salat oder Spinat, wird an einem Blatttag bei abnehmendem Mond gepflanzt.
4. Fruchtgemüse, wie Tomate oder Kürbis, wird an einem Fruchttag gepflanzt.
5. Stecklinge oder Jungpflanzen sollten bei abnehmendem Mond, nach Möglichkeit an einem Jungfrautag, eingepflanzt werden.

Düngung

Die Düngung mit Jauche sollte bei Vollmond geschehen, um Verbrennungen bei den Pflanzen zu vermeiden. Die Düngung mit Mist dagegen sollte bei abnehmendem Mond erfolgen. Mit Kompost gedüngte Beete werden am besten bei Vollmond oder bei abnehmendem Mond vorbereitet.

Unkraut jäten
Die ideale Zeit zum Unkrautjäten ist die Phase des abnehmenden Mondes. Wird der Boden bei zunehmendem Mond durch Harken aufgelockert, ist das Jäten bei abnehmendem Mond besonders Erfolg versprechend.

Schädlingsbekämpfung
Die oberirdischen Teile einer Pflanze sollten an Zwillings-, Krebs- und Schützetagen behandelt werden, die unterirdischen Teile an Wurzeltagen, also an Jungfrau-, Stier- oder Steinbocktagen.

Landwirtschaft nach dem Mond

1. Wird ein neuer Heustock angelegt, ist darauf zu achten, dass dies bei abnehmendem Mond geschieht. Ansonsten besteht die Gefahr, dass das Heu schimmelt oder fault.
2. Schweine sollten bei Vollmond, am besten im Zeichen des Widders, geschlachtet werden.
3. Getreide wird an einem Fruchttag bei zunehmendem Mond angebaut. Geerntet und eingelagert wird es bei abnehmendem Mond, wenn möglich an einem

Fruchttag. Bei zunehmendem Mond geerntetes und eingelagertes Getreide neigt zu Schimmelpilzbefall.

Der Wald – unsere grüne Lunge

In den fünfziger bis siebziger Jahren des letzten Jahrhunderts war es üblich, Unrat im Wald zu entsorgen. Gott sei Dank ist diese »legale« Verschmutzung der Wälder Vergangenheit, denn es ist die Aufgabe jedes einzelnen, den Wald zu bewahren. Er ist schließlich nicht nur grüne Lunge, sondern Lieferant des wichtigsten Baustoffs für den Menschen: das Holz.

Bauen nach dem Mond

Immer mehr Menschen entscheiden sich für den Bau eines Holzhauses, da Holzhäuser ein gesundes und natürliches Raumklima und häufig eine erstaunlich lange Lebensdauer haben. Davon zeugen viele alte Bauernhäuser, die hundert Jahre und älter sind. Der Grund hierfür liegt meist am Zeitpunkt, an dem das Holz geschlagen wurde, denn früher richtete man sich dabei nach den Mondphasen.

Die Bäume werden nach der Mondphase grundsätzlich im Winter gefällt, bis zum Frühling sollten sie dann liegen bleiben, damit ihnen die Feuchtigkeit entzogen wird, und erst im Sommer kann dann mit der Verarbeitung des Holzes und dem Bauen begonnen werden. Beim Holzfällen spielt die geplante Verwendung des Holzes eine große Rolle:

1. *Brennholz:* Bäume, die zu Brennholz verarbeitet werden, sollten nach der Wintersonnwende bei abnehmendem Mond geschlagen und auch bei abnehmendem Mond eingelagert werden.
2. *Gesundes Holz:* Bäume, die am 1., 7., 25. oder 31. Januar oder am 1. oder 2. Februar gefällt werden, bleiben meist wurmfrei und faulen nicht.
3. *Holz für Dachstuhl und Fenster:* Werden Bäume in der Wintersaftruhe zur kalten Jahreszeit bei abnehmendem Mond, möglichst kurz vor Neumond, geschlagen, ist dies ein Garant für weniger schwindendes, rissiges und verdrehtes Holz.
4. *Möbelholz und Holz für Werkzeug:* Wird ein Baum direkt nach dem Dezemberneumond gefällt, erhält man festes Holz, das sich sehr gut für Möbel und für die Herstellung von Werkzeugen eignet.

Mond und Gesundheit

Der Mond ist nicht nur in der Lage, große Weltmeere zu bewegen, sondern übt auch unterschiedliche Wirkungen auf den menschlichen Körper aus. Lange Zeit wurden die natürlichen Mondphasen mit ihren Wirkungen nicht ernst genommen. Nun, da wir mit unserer hoch technisierten Medizin allmählich an Grenzen stoßen, haben die uralten Zyklen und Rhythmen wieder enorm an Bedeutung gewonnen.
Einmal im Monat wandert der Mond durch alle Sternzeichen und setzt dabei Kräfte frei, die den Körper bezw. entlasten können. Den einzelnen Körperteilen und Organen werden folgende Tierkreiszeichen zugeordnet:

Widder	Kopf, Gehirn
Stier	Kehlkopf, Nasenrachenraum, Zähne, Ohren
Zwilling	Lunge, Schultergürtel, Arme, Hände
Krebs	Verdauungsorgane, Brust
Löwe	Wirbelsäule, Herz, Blutkreislauf
Jungfrau	Bauchspeicheldrüse, Milz, Nerven
Waage	Hüfte, Niere

Skorpion	Blase, Geschlechtsorgane
Schütze	Oberschenkel, Venen
Steinbock	Gelenke, Knochen, Haut
Wassermann	Venen, Unterschenkel
Fische	Füße und Zehen

1. Wenn man *abnehmen* möchte, sollte man dies bei abnehmendem Mond tun.
2. Menschen mit *Blasenleiden* sollten darauf achten, besonders an Skorpiontagen keine kalten Füße zu bekommen.
3. *Chirurgische Eingriffe* sollten bei abnehmendem Mond durchgeführt werden, weil in dieser Phase die Wunden in der Regel schneller heilen und obendrein die Blutungsgefahr geringer ist.
4. *Eingewachsene Nägel* sollte man bei zunehmendem Mond schneiden, weil sie in dieser Phase schneller nachwachsen und nicht im Nagelbett stecken bleiben.
5. Während des abnehmenden Mondes eignet sich besonders eine *Entgiftungskur* mit Brennnesseltee (siehe Seite 262). Täglich bis zum Neumondtag zwei Tassen.
6. *Fastenkuren* zur Entgiftung und Entschlackung sind besonders aussichtsreich kurz vor und an Neumond.

7. Vorsicht beim Konsum von *Genussmitteln* wie Kaffee, Nikotin und Alkohol. Diese haben an Fischetagen stärkere Wirkung.
8. Um *Migräneanfällen* vorzubeugen, sollte an Widdertagen auf Kaffee verzichtet, dafür aber viel Wasser getrunken werden.
9. An kalten und windigen Stiertagen sollten die *Ohren* stets geschützt werden.
10. Bei Vollmond sollten nach Möglichkeit keine *Operationen* durchgeführt werden. Dies gilt selbstverständlich nicht für Notoperationen. Ebenso sollten auch nur die Organe und Körperteile operiert werden, in deren Tierkreiszeichen sich der Mond gerade nicht befindet (siehe Tabelle Seite 188 f.). Halten Sie aber Rücksprache mit Ihrem Arzt!
11. *Rheumakranke* sollten an Skorpiontagen ihr Bett nicht lüften, da sonst die Feuchtigkeit in den Federn bleibt.
12. *Venensalben* helfen am besten an Wassermanntagen.
13. *Warzen* können bei abnehmendem Mond erfolgreich behandelt werden. War die Behandlung bei abnehmendem Mond nicht erfolgreich, kann die Behandlung frühestens bei Vollmond fortgesetzt werden.

Mond und Haushalt

1. *Fenster putzen:* Wenn die Fenster bei abnehmendem Mond im Feuerzeichen geputzt werden, erhält man streifen- und schlierenfreies Glas.
2. *Holzböden reinigen:* Bei abnehmendem Mond wird der Boden gewischt, bei zunehmendem gefegt.
3. *Schimmelbefall:* Um Oberflächen vor Schimmelbefall zu schützen, sollten sie bei abnehmendem Mond mit Essigwasser gereinigt werden.
4. *Schuhe putzen:* Schuhe sollten bei abnehmendem Mond geputzt werden, weil das Leder dann weich bleibt und sich der Schmutz besser abweisen lässt.
5. *Wäsche waschen:* Bei abnehmendem Mond wird die Wäsche besonders sauber. Wäscht man an einem Fische- oder Skorpiontag, ist das Ergebnis effizienter und der Waschmittelverbrauch wesentlich niedriger.

MONDKALENDER 2009

Januar			Februar			März		
1 Do		Blüte	1 So		Frucht	1 So		Frucht
2 Fr		Blatt	2 Mo		Wurzel	2 Mo		Wurzel
3 Sa		Blatt	3 Di	☽	Wurzel	3 Di		Wurzel
4 So		Frucht	4 Mi		Wurzel	4 Mi	☽	Blüte
5 Mo	☽	Frucht	5 Do		Blüte	5 Do		Blüte
6 Di		Wurzel	6 Fr		Blüte	6 Fr		Blatt
7 Mi		Wurzel	7 Sa		Blatt	7 Sa		Blatt
8 Do		Blüte	8 So		Blatt	8 So		Frucht
9 Fr		Blüte	9 Mo	○ 15.52	Frucht	9 Mo		Frucht
10 Sa		Blatt	10 Di		Frucht	10 Di		Wurzel
11 So	○ 04.26	Blatt	11 Mi		Wurzel	11 Mi	○ 03.38	Wurzel
12 Mo		Frucht	12 Do		Wurzel	12 Do		Blüte
13 Di		Frucht	13 Fr		Blüte	13 Fr		Blüte
14 Mi		Wurzel	14 Sa		Blüte	14 Sa		Blüte
15 Do		Wurzel	15 So		Blatt	15 So		Blatt
16 Fr		Blüte	16 Mo	☾	Blatt	16 Mo		Blatt
17 Sa		Blüte	17 Di		Blatt	17 Di		Frucht
18 So	☾	Blüte	18 Mi		Frucht	18 Mi	☾	Frucht
19 Mo		Blatt	19 Do		Frucht	19 Do		Wurzel
20 Di		Blatt	20 Fr		Wurzel	20 Fr		Wurzel
21 Mi		Frucht	21 Sa		Wurzel	21 Sa		Wurzel
22 Do		Frucht	22 So		Wurzel	22 So		Blüte
23 Fr		Frucht	23 Mo		Blüte	23 Mo		Blüte
24 Sa		Wurzel	24 Di		Blüte	24 Di		Blatt
25 So		Wurzel	25 Mi	● 02.34	Blatt	25 Mi		Blatt
26 Mo	● 08.53	Blüte	26 Do		Blatt	26 Do	● 17.01	Blatt
27 Di		Blüte	27 Fr		Frucht	27 Fr		Frucht
28 Mi		Blüte	28 Sa		Frucht	28 Sa		Frucht
29 Do		Blatt				29 So		Wurzel
30 Fr		Blatt				30 Mo		Wurzel
31 Sa		Frucht				31 Di		Blüte

MONDKALENDER 2009

April

1	Mi		*Blüte*
2	Do	☽	*Blatt*
3	Fr		*Blatt*
4	Sa		*Frucht*
5	So		*Frucht*
6	Mo		*Wurzel*
7	Di		*Wurzel*
8	Mi		*Wurzel*
9	Do	○ 15.59	*Blüte*
10	Fr	Karfreitag	*Blüte*
11	Sa		*Blatt*
12	So		*Blatt*
13	Mo	Ostermontag	*Frucht*
14	Di		*Frucht*
15	Mi		*Frucht*
16	Do		*Wurzel*
17	Fr	☾	*Wurzel*
18	Sa		*Blüte*
19	So		*Blüte*
20	Mo		*Blüte*
21	Di		*Blatt*
22	Mi		*Blatt*
23	Do		*Frucht*
24	Fr		*Frucht*
25	Sa	● 04.20	*Wurzel*
26	So		*Wurzel*
27	Mo		*Blüte*
28	Di		*Blüte*
29	Mi		*Blatt*
30	Do		*Blatt*

Mai

1	Fr	☽	*Blatt*
2	Sa		*Frucht*
3	So		*Frucht*
4	Mo		*Wurzel*
5	Di		*Wurzel*
6	Mi		*Blüte*
7	Do		*Blüte*
8	Fr		*Blatt*
9	Sa	○ 05.03	*Blatt*
10	So		*Blatt*
11	Mo		*Frucht*
12	Di		*Frucht*
13	Mi		*Wurzel*
14	Do		*Wurzel*
15	Fr		*Wurzel*
16	Sa		*Blüte*
17	So	☾	*Blüte*
18	Mo		*Blatt*
19	Di		*Blatt*
20	Mi		*Frucht*
21	Do		*Frucht*
22	Fr		*Frucht*
23	Sa		*Wurzel*
24	So	● 13.08	*Wurzel*
25	Mo		*Blüte*
26	Di		*Blüte*
27	Mi		*Blatt*
28	Do		*Blatt*
29	Fr		*Frucht*
30	Sa		*Frucht*
31	So	☽	*Wurzel*

Juni

1	Mo	Pfingstmontag	*Wurzel*
2	Di		*Blüte*
3	Mi		*Blüte*
4	Do		*Blatt*
5	Fr		*Blatt*
6	Sa		*Blatt*
7	So	○ 19.12	*Frucht*
8	Mo		*Frucht*
9	Di		*Wurzel*
10	Mi		*Wurzel*
11	Do		*Wurzel*
12	Fr		*Blüte*
13	Sa		*Blüte*
14	So		*Blatt*
15	Mo	☾	*Blatt*
16	Di		*Blatt*
17	Mi		*Frucht*
18	Do		*Frucht*
19	Fr		*Wurzel*
20	Sa		*Wurzel*
21	So		*Blüte*
22	Mo	● 20.35	*Blüte*
23	Di		*Blatt*
24	Mi		*Blatt*
25	Do		*Frucht*
26	Fr		*Frucht*
27	Sa		*Wurzel*
28	So		*Wurzel*
29	Mo	☽	*Blüte*
30	Di		*Blüte*

MONDKALENDER 2009

Juli			August			September		
1 Mi		*Blüte*	**1** Sa		*Frucht*	**1** Di		*Wurzel*
2 Do		*Blatt*	**2** So		*Frucht*	**2** Mi		*Blüte*
3 Fr		*Blatt*	**3** Mo		*Wurzel*	**3** Do		*Blüte*
4 Sa		*Frucht*	**4** Di		*Wurzel*	**4** Fr	○ 17.00	*Blatt*
5 So		*Frucht*	**5** Mi		*Blüte*	**5** Sa		*Blatt*
6 Mo		*Frucht*	**6** Do	○ 01.54	*Blüte*	**6** So		*Blatt*
7 Di	○ 10.21	*Wurzel*	**7** Fr		*Blüte*	**7** Mo		*Frucht*
8 Mi		*Wurzel*	**8** Sa		*Blatt*	**8** Di		*Frucht*
9 Do		*Blüte*	**9** So		*Blatt*	**9** Mi		*Wurzel*
10 Fr		*Blüte*	**10** Mo		*Frucht*	**10** Do		*Wurzel*
11 Sa		*Blüte*	**11** Di		*Frucht*	**11** Fr		*Blüte*
12 So		*Blatt*	**12** Mi		*Frucht*	**12** Sa	☾	*Blüte*
13 Mo		*Blatt*	**13** Do	☾	*Wurzel*	**13** So		*Blatt*
14 Di		*Frucht*	**14** Fr		*Wurzel*	**14** Mo		*Blatt*
15 Mi	☾	*Frucht*	**15** Sa		*Blüte*	**15** Di		*Frucht*
16 Do		*Wurzel*	**16** So		*Blüte*	**16** Mi		*Frucht*
17 Fr		*Wurzel*	**17** Mo		*Blatt*	**17** Do		*Wurzel*
18 Sa		*Wurzel*	**18** Di		*Blatt*	**18** Fr	● 19.46	*Wurzel*
19 So		*Blüte*	**19** Mi		*Frucht*	**19** Sa		*Wurzel*
20 Mo		*Blüte*	**20** Do	● 11.01	*Frucht*	**20** So		*Blüte*
21 Di		*Blatt*	**21** Fr		*Wurzel*	**21** Mo		*Blüte*
22 Mi	● 03.33	*Blatt*	**22** Sa		*Wurzel*	**22** Di		*Blatt*
23 Do		*Frucht*	**23** So		*Blüte*	**23** Mi		*Blatt*
24 Fr		*Frucht*	**24** Mo		*Blüte*	**24** Do		*Frucht*
25 Sa		*Wurzel*	**25** Di		*Blatt*	**25** Fr		*Frucht*
26 So		*Wurzel*	**26** Mi		*Blatt*	**26** Sa	☽	*Wurzel*
27 Mo		*Blüte*	**27** Do	☽	*Blatt*	**27** So		*Wurzel*
28 Di	☽	*Blüte*	**28** Fr		*Frucht*	**28** Mo		*Wurzel*
29 Mi		*Blatt*	**29** Sa		*Frucht*	**29** Di		*Blüte*
30 Do		*Blatt*	**30** So		*Wurzel*	**30** Mi		*Blüte*
31 Fr		*Frucht*	**31** Mo		*Wurzel*			

MONDKALENDER 2009

Oktober

1	Do		*Blatt*
2	Fr		*Blatt*
3	Sa	Tag d. Dt. Einheit	*Blatt*
4	So	○ 07.06	*Frucht*
5	Mo		*Frucht*
6	Di		*Wurzel*
7	Mi		*Wurzel*
8	Do		*Blüte*
9	Fr		*Blüte*
10	Sa		*Blüte*
11	So	☾	*Blatt*
12	Mo		*Blatt*
13	Di		*Frucht*
14	Mi		*Frucht*
15	Do		*Wurzel*
16	Fr		*Wurzel*
17	Sa		*Blüte*
18	So	● 06.36	*Blüte*
19	Mo		*Blatt*
20	Di		*Blatt*
21	Mi		*Frucht*
22	Do		*Frucht*
23	Fr		*Frucht*
24	Sa		*Wurzel*
25	So		*Wurzel*
26	Mo	☽	*Blüte*
27	Di		*Blüte*
28	Mi		*Blüte*
29	Do		*Blatt*
30	Fr		*Blatt*
31	Sa		*Frucht*

November

1	So		*Frucht*
2	Mo	○ 20.11	*Frucht*
3	Di		*Wurzel*
4	Mi		*Wurzel*
5	Do		*Blüte*
6	Fr		*Blüte*
7	Sa		*Blatt*
8	So		*Blatt*
9	Mo	☾	*Frucht*
10	Di		*Frucht*
11	Mi		*Wurzel*
12	Do		*Wurzel*
13	Fr		*Blüte*
14	Sa		*Blüte*
15	So		*Blatt*
16	Mo	● 20.15	*Blatt*
17	Di		*Blatt*
18	Mi		*Frucht*
19	Do		*Frucht*
20	Fr		*Wurzel*
21	Sa		*Wurzel*
22	So		*Wurzel*
23	Mo		*Blüte*
24	Di	☽	*Blüte*
25	Mi		*Blatt*
26	Do		*Blatt*
27	Fr		*Blatt*
28	Sa		*Frucht*
29	So		*Frucht*
30	Mo		*Wurzel*

Dezember

1	Di		*Wurzel*
2	Mi	○ 08.28	*Blüte*
3	Do		*Blüte*
4	Fr		*Blatt*
5	Sa		*Blatt*
6	So		*Frucht*
7	Mo		*Frucht*
8	Di		*Wurzel*
9	Mi	☾	*Wurzel*
10	Do		*Blüte*
11	Fr		*Blüte*
12	Sa		*Blüte*
13	So		*Blatt*
14	Mo		*Blatt*
15	Di		*Frucht*
16	Mi	● 13.04	*Frucht*
17	Do		*Wurzel*
18	Fr		*Wurzel*
19	Sa		*Wurzel*
20	So		*Blüte*
21	Mo		*Blüte*
22	Di		*Blatt*
23	Mi		*Blatt*
24	Do	☽	*Blatt*
25	Fr	1. Weihnachtstag	*Frucht*
26	Sa		*Frucht*
27	So		*Wurzel*
28	Mo		*Wurzel*
29	Di		*Wurzel*
30	Mi		*Blüte*
31	Do	○ 20.10	*Blüte*

Altbewährte
Bauernmedizin

Wer im Garten arbeitet oder ein eigenes kleines Feld bestellt, kann sich vorstellen, wie anstrengend und kräftezehrend die Landarbeit in früheren Zeiten gewesen sein muss. Robust und gesund zu sein war damals eine Notwendigkeit und Krankheit ein schwerer Schlag. Kein Wunder, dass das Wissen um die Wirkung von Blumen und Kräutern, die zu heilkräftigen Tees und Wickeln, zu Tinkturen und Lösungen verarbeitet werden konnten, hoch geschätzt und weit verbreitet war. Denn der Ausfall von Arbeitsleistung und Verdienst wog schwer, und einen Arzt konnten sich die einfachen Leute nur im Ausnahmefall leisten.

Häufige Beschwerden und deren Behandlung

Ein kranker Knecht fehlte auf dem Hof in erster Linie als Arbeitskraft, nicht als Persönlichkeit. Es ging auch gar nicht so sehr um den bestimmten Menschen, sondern darum, welche Krankheit er wohl hatte und wie lange diese ihn wohl ans Bett fesseln würde, d. h. also, wie lange der Kranke dadurch für die Feldarbeit ausfallen würde.

Eine akute Erkrankung oder Verletzung wog wirtschaftlich schwer. Nahezu alle Gespräche auf dem Hof drehten sich dann um die Krankheit, was es wohl sein könnte, mit welchen Beschwerden sie einhergehen mochte, was der Auslöser für die Krankheit gewesen sei, wie es um den Appetit des Erkrankten bestellt sei, bei wem man diese Krankheit auch schon beobachtet hatte und vieles mehr. Wobei allerdings auch belegt ist, dass eine kranke Kuh zu größerer Sorge Anlass gab als zum Beispiel die Erkrankung einer Stallmagd. Deshalb holte man auch nicht sofort einen Arzt, wenn jemand auf dem Hof erkrankte, ob es nun der Bauer oder auch »nur« ein Knecht, eine Stalldirn oder die Bäuerin war. Das lag einerseits an den oben genannten Gründen, aber auch an den Kosten, denn man musste den Arzt selbst bezahlen. Ein weiterer Grund dafür, dass man nur in den schlimmsten Fällen einen Arzt holte, war der oft weite und bisweilen auch beschwerliche Weg zur nächsten Stadt und Arztpraxis. Oft wandte man sich bei Erkrankungen an den Bader, der meist eher ein Quacksalber als ein versierter Heilkundiger war, oder – und das war die Regel – man griff auf altes Wissen bewährter Bauernmedizin zurück.

Im Folgenden werden die häufigsten Erkrankungen, Beschwerden und Verletzungen aufgelistet und dazu erprobte alte Hausmittel und ihre Anwendungen beschrieben. In den letzten Jahren lässt sich ein starker Trend hin zu Hausmitteln und Heilanwendungen beobachten, bei denen ganz bewusst altes Heilwissen einbezogen wird. In früheren Zeiten wurden die Menschen verhältnismäßig häufig von typischen Beschwerden und Krankheiten wie Husten, Fieber oder Bauchschmerzen heimgesucht. Mit einfachen, aber oft erstaunlich wirksamen Mitteln rückte man diesen Leiden und Unpässlichkeiten buchstäblich zu Leibe.

Bauchschmerzen

Jede Erkrankung im Bauchbereich kann zu Schmerzen führen. Die häufigste Ursache bei Bauchschmerzen ist eine Überstrapazierung des Magens. Gründe dafür sind häufig, dass zu hastig, zu viel, zu fett oder zu scharf gegessen wurde. Ebenso können Beschwerden im Bauchraum durch Aufregung und Ängste hervorgerufen werden. Hinter Bauchschmerzen können aber auch ernste Erkrankungen wie beispielsweise eine Blinddarmentzündung, ein Darmverschluss oder ein Magendurchbruch stecken. Daher dürfen Bauschmerzen nie auf die leichte Schulter genommen werden.
Das Phänomen psychisch bedingter Bauchschmerzen wurde damals in der Regel nicht als solches erkannt.
Symptome bei Bauschmerzen: Aufstoßen, Erbrechen, Sodbrennen, Druckgefühl, Durchfall, Darmkrämpfe oder kolikartige Schmerzen.

> Achtung: **Bei starken und plötzlich auftretenden Schmerzen mit erhöhtem Puls muss unverzüglich ein Arzt aufgesucht werden!**

Äußerliche Anwendung

Warmer Bauchwickel

Tauchen Sie ein Leintuch in ein etwa 40 °C warmes Wasser, wringen Sie das Tuch gut aus und legen Sie es um den Bauch. Ein Bauchwickel reicht von der Brustbeinspitze bis zur Leistenregion. Um den Wickel legen Sie ein Handtuch und darüber ein Wolltuch. Nach 20 Minuten kann der Wickel abgenommen werden.

> Tipp: **Wärme ist ein altbewährtes Hausmittel bei Bauchschmerzen. Dazu eignet sich auch eine Wärmflasche oder ein im Ofen oder in der Mikrowelle erhitztes Dinkel- oder Kirschkernsäckchen.**

Innerliche Anwendung

Fencheltee

Nehmen Sie 1 Teelöffel Fenchelfrüchte und zerdrücken Sie diese. Anschließend übergießen Sie den Fenchel mit 1/4 Liter kochendem Wasser. Dann lassen Sie den Tee 10 Minuten stehen und gießen ihn anschließend ab.

Kamillentee

Für den Kamillentee wird 1 Esslöffel Kamillenblüten mit 1/4 Liter kochendem Wasser aufgegossen. Anschließend den Tee 10 Minuten ziehen lassen und dann abseihen.

Rollkur

Trinken Sie morgens 1 große Tasse Kamillentee, und legen Sie sich 5 Minuten auf den Rücken, anschließend 5 Minuten auf die rechte Seite, dann 5 Minuten auf die linke Seite und abschließend 5 Minuten auf den Bauch. Es ist sinnvoll, die Rollkur zusätzlich abends durchzuführen. Sie kann etwa 2 Wochen lang durchgeführt werden. Die Rollkur ist wohltuend für den Magen.

Fieber

Unter Fieber versteht man eine Erhöhung der Körpertemperatur. Der Normalwert liegt bei 36,5 °C bis 37 °C. Von einer erhöhten Temperatur spricht man ab 37,5 °C bis 38,5 °C, von hohem Fieber ab 39 °C. Fieber tritt als Begleitsymptom vieler unterschiedlicher Krankheiten auf. Dabei erhöht sich die Körpertemperatur, das Immunsystem wird aktiviert und bekämpft die krankmachenden Erreger. Bei hohem Fieber muss ein Arzt aufgesucht werden. Fiebernde benötigen mehr Flüssigkeit, ca. 1 Liter pro 1 °C Temperaturerhöhung.

Äußerliche Anwendung

Kalte Ganzkörperwaschung
Die Waschung beginnt mit einem kalten, nassen Waschlappen an der rechten Hand über den Arm bis zur Achselhöhle und wieder zurück. Der linke Arm wird auf die gleiche Weise gekühlt. Dann folgen Hals, Brust und Bauch. Nun waschen Sie vom rechten Fußrücken hinauf bis zum Gesäß. In gleicher Weise waschen Sie nun das linke Bein. Die Fußsohlen zuletzt waschen. Lassen Sie

Ihren Körper dann von der Luft trocknen, und ziehen Sie anschließend etwas Warmes an.

Kalter Wadenwickel

Tauchen Sie zwei Baumwolltücher in kaltes Wasser, wringen Sie die Tücher aus, und wickeln Sie beide Unterschenkel von den Fersen bis zu den Knien straff ein. Dann wickeln Sie jeweils ein Handtuch und zum Schluss ein Woll- oder Flanelltuch darüber. Die Anwendung darf 10 bis 15 Minuten dauern und kann bei Bedarf wiederholt werden.

Machen Sie keine kalten Wickel bei kalten Beinen, Schüttelfrost, Ischiasbeschwerden oder Blasenentzündung!

Innerliche Anwendung

Lindenblütentee

Bringen Sie $^{1}/_{4}$ Liter Wasser mit 1 Esslöffel Lindenblüten für 1 Minute zum Kochen, lassen Sie den Tee 10 Minuten ziehen und seihen Sie ihn ab. Nun wird der Tee in kleinen Schlucken getrunken. Er wirkt schweißtreibend und unterstützt den Fieberprozess.

Gicht

Gicht, im Volksmund auch Zipperlein genannt, ist eine schmerzhafte Gelenkentzündung, die meist im großen Zehgelenk beginnt. Die Krankheit verläuft in der Regel in Schüben. Dabei wird das betroffene Gelenk rot, heiß und schwillt an. An dieser Krankheit, die auch erblich bedingt sein kann, leiden Männer zehnmal häufiger als Frauen. Aber auch falsche Ernährung kann eine Ursache des Gichtleidens sein. Mit der Nahrung werden sogenannte Purine aufgenommen und im Körper zu Harnsäure umgebaut. Durch zu viel purinreiche Nahrung können sich Harnsäurekristalle an den Gelenken festsetzen und Schmerzen verursachen. Nahrungsmittel, auf die der Gichtkranke verzichten sollte, sind: Tierische Fette, insbesondere Fleisch, Innereien und Geflügel, Hülsenfrüchte, Spargel, Blumenkohl und Spinat. Von Alkoholgenuss ist ebenfalls abzuraten.

Achtung: **Gicht sollte dringend vom Arzt behandelt werden! Naturheilmittel können aber unter Umständen den Heilungsprozess sehr gut unterstützen.**

Äußerliche Anwendung

Arnikaauflage

Geben Sie 1 Esslöffel Arnikatinktur in 100 Milliliter Wasser. Tauchen Sie einen Waschlappen in die Tinktur und legen Sie ihn auf die schmerzende Stelle. Die Anwendung kann täglich 2 bis 3 Mal wiederholt werden. Arnika wirkt abschwellend, entzündungshemmend und schmerzstillend. Verwenden Sie die Tinktur nicht zu konzentriert, denn sonst könnte es zu Rötungen, Ekzemen oder auch zu Bläschenbildungen kommen.

Arnikatinktur

Weichen Sie 70 Gramm getrocknete Arnikablüten 10 bis 14 Tage lang in 1 Liter 70-prozentigem Alkohol ein und stellen Sie den Ansatz an einen dunklen Ort. Täglich einmal schütteln. Nach 2 Wochen seihen Sie die Tinktur ab und füllen Sie sie in eine dunkle Flasche.

> Achtung: **Arnika steht unter Naturschutz und darf daher nicht gesammelt werden. Sie können Arnikablüten aber in der Apotheke kaufen.**

Kalter Wickel
Tauchen Sie ein Leintuch in eiskaltes Wasser, wringen Sie das Tuch aus und legen Sie es auf die betroffene Stelle. Darüber wickeln Sie ein Baumwolltuch und stellen das Gelenk ruhig. Nach ungefähr 30 Minuten kann der Wickel erneuert werden. Sie können auch gelgefüllte, mit einem Tuch umwickelte Cold-Packs (in Apotheken erhältlich), die im Gefrierfach gekühlt werden, auflegen.

Innerliche Anwendung

Birkenblättertee
Gießen Sie über 1 Esslöffel Birkenblätter 1/4 Liter kochendes Wasser und lassen Sie den Tee 10 Minuten zugedeckt ziehen. Anschließend den Tee abseihen und täglich 2 bis 3 Tassen davon trinken.

Gänseblümchentee
Gießen Sie über 1 Esslöffel Gänseblümchen 1/4 Liter kochendes Wasser und lassen Sie den Aufguss 10 Minuten zugedeckt ziehen. Anschließend abseihen und täglich 2 bis 3 Tassen davon trinken.

Halsschmerzen

Der Rachen ist gerötet, brennt, kratzt, die Stimme versagt und das Schlucken ist schmerzhaft. Das sind die bekannten Symptome bei Halsschmerzen. Dazu gesellt sich oft noch ein grippaler Infekt. Werden die Beschwerden nach 2 bis 3 Tagen nicht leichter, kommt Fieber über 38 °C und ein weißlich belegter Rachen hinzu, muss unbedingt ein Arzt aufgesucht werden.

Äußerliche Anwendung

Bibernelle-Gurgellösung
Bringen Sie 1 bis 2 Teelöffel klein geschnittene Bibernellewurzel mit $^1/_4$ Liter kaltem Wasser langsam zum Kochen. Lassen Sie die Lösung etwa 3 Minuten ziehen, und seihen Sie sie dann ab. Mit der Bibernellelösung können Sie stündlich gurgeln. Bibernelle hat eine Bakterien abtötende Wirkung.

Salbei-Gurgellösung
Übergießen Sie 2 Teelöffel Salbeiblätter mit $^1/_4$ Liter kochendem Wasser, lassen Sie den Tee 10 Minuten

zugedeckt ziehen, und seihen Sie ihn anschließend ab. Mit der Salbeilösung können Sie stündlich gurgeln.

Zwiebel-Gurgellösung

Eine halbe klein geschnittene Zwiebel in 1/2 Liter zimmerwarmes Wasser mindestens 1 Stunde lang einlegen. Die Zwiebeln abseihen und jede halbe Stunde mit einem Schluck Zwiebelwasser gurgeln.

Warmer Kamillenhalswickel

Übergießen Sie 2 Teelöffel Kamillenblüten mit 1/4 Liter kochendem Wasser, und lassen Sie den Sud etwa 5 Minuten zugedeckt ziehen. Nun tauchen Sie ein Leinentuch in den abgeseihten Sud und wickeln es noch sehr warm um den Hals. Darüber wickeln Sie ein Flanelltuch. Den Wickel belassen, so lange er als warm und angenehm empfunden wird. Die Anwendung kann mehrmals wiederholt werden.

> Tipp: **Trinken Sie bei Halsschmerzen ausschließlich warme Getränke und halten Sie Ihren Hals warm. Lutschen Sie Halsbonbons, sie befeuchten den Hals.**

Hühneraugen

Hühneraugen sind druckschmerzhafte Verdickungen der Hornhaut an den Zehen, manchmal auch an der Fußsohle. In der Mitte des Hühnerauges wächst ein Hornhautkegel nach innen. Ursache sind in der Regel zu enge und schlecht sitzende Schuhe. Früher bekamen die Menschen Hühneraugen, weil sie sich passendes Schuhwerk häufig nicht leisten konnten, heute hingegen, weil modische Schuhe oft zu eng und zu spitz sind. Zur Vorbeugung von Hühneraugen sollten Sie die Hornhaut an den Fußsohlen nach dem Baden bzw. einem Fußbad mit Bimsstein oder speziellen Raspeln aus der Apotheke vorsichtig entfernen. Die aufgeweichte Hornhaut lässt sich so Schicht für Schicht abtragen.

Achtung: **Bearbeiten Sie Hühneraugen niemals mit scharfen Hilfsmitteln wie zum Beispiel mit einer Rasierklinge oder einem Messer. Dadurch könnten sich die Beschwerden verschlimmern, oder es könnte zu Infektionen kommen. Oft ist die dauerhafte und effektive Entfernung von Hühneraugen nur auf operativem Wege möglich.**

Äußerliche Anwendung

Hauswurzpackung
Zerquetschen Sie Hauswurzblätter und träufeln Sie den Saft auf das Hühnerauge. Legen Sie ein zerdrücktes Blatt darüber und fixieren Sie es mit einer Mullbinde. Die Packung sollte über mehrere Stunden einwirken.

Kamillenfußbad
Übergießen Sie 1 Esslöffel Kamillenblüten mit $^1/_4$ Liter kochendem Wasser und lassen Sie den Sud 10 Minuten ziehen, anschließend den Kamillensud abseihen und abkühlen lassen. Nun baden Sie die betroffene Stelle 15 bis 20 Minuten darin. Je nach Größe und Lage des Hühnerauges kann auch die doppelte oder sogar die dreifache Menge Kamillensud erforderlich sein. Sollten gelbe Flecken an der Haut entstanden sein, lassen sich diese mit Wasser und Seife mühelos entfernen.

Tannen- oder Föhrenharzauflage
Verletzte Nadelbäume schließen ihre Wunden mit Harz. Seine ätherischen Öle und entzündungshemmenden Eigenschaften helfen auch bei Hühneraugen.

Erwärmen Sie Tannen- oder Föhrenharz, streichen Sie es auf eine Kompresse und legen Sie die Kompresse auf das Hühnerauge. Befestigen Sie die Kompresse mit einer Mullbinde und lassen Sie die Auflage 24 Stunden einwirken.

Warmes Kernseifenfußbad

Geben Sie 1 Handvoll Kernseifenflocken in eine Schüssel und übergießen Sie die Kernseife mit warmem Wasser. Nun können Sie Ihre Füße 10 bis 15 Minuten darin baden. Wiederholen Sie das Fußbad täglich, bis sich die Hornhaut abziehen lässt. Sie können auch mit einem Bimsstein oder einer Hornhautfeile die Hornhaut bei nicht entzündeten Hühneraugen vorsichtig entfernen. Die Kernseifenlösung darf nicht angewendet werden bei entzündeten Hühneraugen.

Zwiebelauflage

Legen Sie für $^1/_2$ Stunde 1 Zwiebelscheibe in Essig ein. Anschließend legen Sie die Zwiebelscheibe auf das Hühnerauge und fixieren Sie sie mit einer Mullbinde. Die Zwiebelscheibe kann täglich 2 bis 3 Mal erneuert werden.

Husten

Husten ist eine wichtige Schutzreaktion der Lunge, denn dabei werden reflexartig Fremdkörper aus den Atemwegen entfernt. Ursachen sind in der Regel von Bakterien oder Viren ausgelöste Infektionen.

> **Achtung: Sollte sich der Husten binnen weniger Tage nicht bessern oder noch Symptome wie zum Beispiel blutiger Auswurf oder Fieber hinzukommen, muss dringend ein Arzt aufgesucht werden.**

Äußerliche Anwendung

Dampfinhalation

Dazu gießen Sie heißes Wasser in eine Schüssel und inhalieren den Dampf ungefähr 10 Minuten lang. Sie sollten allerdings darauf achten, dass Sie abwechselnd durch Mund und Nase atmen. Die Wirkung wird intensiver, wenn Sie den Kopf über den Dampf halten und Ihren Oberkörper mit einem Tuch abdecken, das bis über die Schüssel reicht.

Dem heißen Wasser können nach Belieben 1 Esslöffel Salz oder 2 Esslöffel Kamillenblüten oder 2 Esslöffel Thymian beigefügt werden.

> Achtung: **Es besteht die Gefahr von Verbrühungen! Das Gesicht darf nie zu nahe an das heiße Wasser gehalten werden. Bei Menschen mit Herz-Kreislauf-Problemen sowie bei Kindern und älteren Menschen ist die Anwendung von Inhalationen nur bedingt geeignet.**

Heißer Brustwickel

Dazu tauchen Sie ein Leinentuch in etwa 40 °C warmes Wasser, wringen das Tuch aus und legen es um die Brust. Ein Brustwickel sollte von der Achselhöhle bis zum Rippenbogenrand angelegt werden. Über den Brustwickel legen Sie ein Handtuch und darüber ein Woll- oder Flanelltuch. Arbeiten Sie beim Anlegen zügig, damit der Wickel nicht zu schnell an Wärme verliert. Den Wickel können Sie so lange auf der Brust lassen, wie Sie ihn als warm empfinden (Anwendungsdauer ca. 20 bis 30 Minuten).

Knoblauchsalbe
Dazu zerdrücken Sie 3 bis 4 Knoblauchzehen und erhitzen das Ganze mit Vaseline oder Schweineschmalz. Mit der Salbe dann die Brust einreiben.

Schweineschmalzwickel
Erwärmen Sie 50 Gramm Schweineschmalz, streichen Sie das Schmalz auf ein bis zwei Stofftaschentücher und legen Sie diese auf Brust und Rücken. Anschließend wickeln Sie ein Frotteetuch darüber. Lassen Sie den Wickel mindestens 2 bis 3 Stunden wirken.

Innerliche Anwendung

Biersuppe
Warmes Bier lindert Husten. 1/2 Liter Bier erwärmen und 2 bis 4 Esslöffel Honig unterrühren. Wichtig: Das Bier muss warm getrunken werden!

Veilchenhustensaft
1/2 Liter Wasser zum Kochen bringen, 1 bis 2 Esslöffel Veilchenblüten hinzugeben, kurz aufkochen lassen und bei geschlossenem Topf 1/2 Stunde vorsichtig wei-

terköcheln lassen. Die Veilchenblüten abseihen, die Flüssigkeit ein weiteres Mal zum Kochen bringen und 3 bis 4 Esslöffel Honig einrühren, bis der Saft sirupartig wird. Nach dem Abkühlen tagsüber stündlich 1 Teelöffel Hustensirup einnehmen.

Zwiebelsud

Kochen Sie 2 große Zwiebeln 1 Stunde lang in $^3/_4$ Liter Wasser. Anschließend gießen Sie den Zwiebelsud durch ein Sieb. Nun fügen Sie dem lauwarmen Sud je nach Geschmack Honig hinzu. Nehmen Sie alle 1 bis 2 Stunden 2 Esslöffel ein.

Unterstützende Maßnahmen

1. Feuchte Raumluft mindert den Reizhusten. Legen Sie im Schlafzimmer ein feuchtes Tuch über den Heizkörper oder feuchten Sie den Raum mit einem Luftbefeuchter an.
2. Trinken Sie viel Wasser oder Früchtetee, damit der Schleim in den Bronchien flüssiger wird und somit leichter abgehustet werden kann.

Kopfschmerzen

Kopfschmerzen können die unterschiedlichsten Ursachen haben, wie beispielsweise Stress, Verspannungen, Ärger, Alkohol, Wetterfühligkeit oder auch übermäßiger Nikotingenuss. Aber Kopfschmerzen können auch ein Begleitsymptom bei Fieber sein. Gegen Kopfschmerzen gibt es die unterschiedlichsten Hausmittel. Welches Mittel für den Einzelnen geeignet ist, muss jeder für sich selbst herausfinden. Bei starken und lang anhaltenden Schmerzen jedoch muss dringend ein Arzt aufgesucht werden.

Äußerliche Anwendung

Apfelessigauflage

Geben Sie in 100 Milliliter kaltes Wasser 1 Esslöffel Apfelessig und 1 Tropfen Pfefferminzöl und verrühren Sie die Mixtur. Tränken Sie ein Tuch mit der Flüssigkeit und legen Sie das Tuch auf die Stirn. Geben Sie dabei acht, dass die Flüssigkeit nicht in die Augen läuft. Zur Unterstützung empfiehlt es sich, ein getränktes Tuch auch in den Nacken zu legen.

Franzbranntweinauflage
Tauchen Sie ein Tuch in Franzbranntwein und legen Sie die Auflage auf Stirn und Schläfen. Sie können den Franzbranntwein auch im Nacken verreiben.

Rosmarinfußbad
Bringen Sie 200 Milliliter Wasser mit 3 Esslöffel Rosmarinblätter zum Kochen, nehmen Sie die Flüssigkeit vom Herd und lassen Sie sie zugedeckt etwa 20 Minuten ziehen. Dann abseihen. Nun wird ein Teil in ein Fußbad mit einer Wassertemperatur von 38 °C bis 40 °C gegeben, der andere Teil in ein kaltes Bad mit einer Temperatur von 15 °C bis 18 °C. Die Fußbadewannen sollten jeweils mit so viel Wasser gefüllt sein, dass die Unterschenkel etwa bis zur Hälfte bedeckt sind. Die Behandlung wird mit dem warmen Wasser begonnen. Lassen Sie Ihre Füße so lange in der Wanne, bis Sie ein deutliches Wärmegefühl verspüren. Anschließend wechseln Sie für 10 bis 15 Sekunden ins kalte Wasser. Den Vorgang können Sie 2 bis 3 Mal wiederholen. Grundsätzlich wird mit dem warmen Wasser begonnen und mit dem kalten geendet. Die Anwendung sollte insgesamt 15 bis 20 Minuten dauern.

Tipp: Ein einfaches und schnelles Mittel bei Kopfschmerzen ist das Kühlen von Stirn und Nacken mit Eisbeuteln oder Eiswürfeln.

Innerliche Anwendung

Baldriantee

Übergießen Sie 1 Teelöffel Baldrianblüten mit 1/4 Liter kochendem Wasser. Den Aufguss 5 Minuten ziehen lassen. Der abgeseihte Tee wird über den Tag verteilt getrunken.

Johanniskrauttee

Übergießen Sie 1 bis 2 Teelöffel getrocknetes Johanniskraut mit 1/4 Liter kochendem Wasser. Nun lassen Sie den Aufguss 5 Minuten zugedeckt ziehen. Den abgeseihten Tee können Sie über den Tag verteilt schluckweise trinken.

Weidenrindentee

Bringen Sie 1/4 Liter kaltes Wasser mit 1 Teelöffel getrockneter Weidenrinde zum Kochen. Lassen Sie die

Flüssigkeit kurz aufkochen, nehmen Sie sie dann vom Herd, und lassen Sie den Tee etwa 5 Minuten ziehen. Der abgeseihte Tee kann über den ganzen Tag verteilt in kleinen Schlucken getrunken werden.

Den Kopfschmerzen vorbeugen

1. Achten Sie auf regelmäßigen und ausreichenden Schlaf.
2. Ernähren Sie sich gesund und meiden Sie Nikotin, zu viel Alkohol oder zu viel Kaffee.
3. Treiben Sie regelmäßig Sport und gönnen Sie sich Spaziergänge an der frischen Luft.
4. Hinter Kopfschmerzen kann sich auch eine Sehstörung verbergen, lassen Sie daher regelmäßig Ihre Augen kontrollieren.
5. Trinken Sie viel Wasser, Früchtetees oder Säfte.
6. Versuchen Sie, Stress abzubauen.
7. Vermeiden Sie zu nahes Sitzen am Bildschirm oder Fernseher.
8. Sorgen Sie für gut gelüftete Räume, speziell im Schlafzimmer.

Ohrenschmerzen

Gerade in der kalten Jahreszeit treten häufig Ohrenschmerzen auf, wobei Kinder deutlich öfter von diesen quälenden Schmerzen betroffen sind als Erwachsene. Beugen Sie vor und tragen Sie bei Zugluft und Kälte eine Mütze oder ein Stirnband, das die Ohren schützt. Oft lassen sich die Schmerzen mit Hausmitteln lindern. Aber Vorsicht! Ohrenschmerzen können auch Zeichen einer Mittelohrentzündung sein. Grundsätzlich ist es deshalb außerordentlich wichtig, bei stärkeren Ohrenschmerzen einen Hals-Nasen-Ohren-Arzt aufzusuchen, mit dem Sie eine eventuell nötige weitere Behandlung abklären.

Äußerliche Anwendung

Kartoffelauflage

Kochen Sie 1 große Kartoffel, zerdrücken Sie sie und legen Sie sie auf ein großes Stofftaschentuch. Die Kartoffel in das Taschentuch einwickeln und noch sehr warm an das Ohr halten. Die Anwendung kann mehrmals wiederholt werden.

Petersilienpflaster

Zerkleinern und quetschen Sie 1 Handvoll frische Petersilie und schlagen Sie sie in etwas Mull ein. Legen Sie das Petersilienpflaster auf das schmerzende Ohr und fixieren Sie es mit einem Stirnband oder einem Schal. Das Petersilienpflaster erfordert eine lange Einwirkzeit, deshalb eignet sich diese Anwendung sehr gut für die Nacht.

Warme Heilerdeauflage

Rühren Sie Heilerde mit heißem Wasser an, streichen Sie den Brei auf ein Baumwolltuch und legen Sie das noch warme Tuch auf das schmerzende Ohr. Anschließend decken Sie das Ohr mit einem Flanelltuch ab. Die Auflage kann so lange auf dem Ohr bleiben, wie sie als angenehm empfunden wird.

Zwiebelauflage

Zerkleinern Sie 1 Zwiebel, legen Sie die gehackte Zwiebel auf ein Stofftaschentuch, schlagen Sie es ein und legen Sie es auf das schmerzende Ohr. Befestigen Sie die Auflage mit einem Stirnband oder einem Schal. Sie kann 2 bis 3 Stunden auf dem Ohr bleiben.

Rückenbeschwerden

Unsere Wirbelsäule besteht aus 24 Wirbeln. Zwischen den Wirbeln liegen jeweils die Bandscheiben als Puffer. Eine gesunde Wirbelsäule leistet als Stütze des gesamten Körpers im Leben eines Menschen enorm viel. Wird die Wirbelsäule durch zu schweres Arbeiten oder durch einseitige und falsche Bewegungsabläufe belastet, kann dies Auslöser für Rückenbeschwerden sein. Auch Übergewicht oder psychische Probleme sind häufig Verursacher von Rückenschmerzen. Bei Rückenbeschwerden sollte grundsätzlich ein Arzt aufgesucht werden, weil nur er eine genaue Diagnose stellen kann. Aber zur Unterstützung der ärztlichen Maßnahmen gibt es viele altbewährte Hausmittel, die Wunder wirken. Gönnen Sie sich Zeit!

Äußerliche Anwendung

Heiße Rolle
Für die heiße Rolle brauchen Sie fünf normale Handtücher, die Sie zuerst der Länge nach falten. Rollen Sie das erste Handtuch an der schmalen Seite fest auf. Nun

werden der Reihe nach die nächsten drei Handtücher straff über das erste Handtuch gerollt. Um die auf diese Weise entstandene Rolle wird nun mithilfe des fünften längs gefalteten Handtuchs eine Schlinge gelegt. Die Handtücher müssen unbedingt fest und unter Zug gewickelt sein.

Jetzt tränken Sie die Rolle langsam mit heißem Wasser. Dabei sollten Sie darauf achten, dass Sie die Handtuchrolle mit der Schlinge festhalten und mit der anderen Hand die Rolle füllen können.

Danach legen Sie die Rolle vorsichtig auf die schmerzende Stelle. Ist die Rolle noch zu heiß, muss noch ein wenig mit dem Anlegen gewartet werden. Ist die Rolle nicht mehr richtig warm, dann rollen Sie das äußerste Handtuch ab und machen weiter, bis das letzte Handtuch verbraucht ist.

Durch die Wärme wird die Haut stärker durchblutet, wodurch sich die Rückenverspannungen schneller lösen können.

Bei der Anwendung der heißen Rolle sollte Sie nach Möglichkeit jemand unterstützen, da die Rolle erfahrungsgemäß von einer Person allein nicht ganz einfach vorzubereiten und anzuwenden ist.

Tipp: Stärken Sie durch gezielte Ausgleichsgymnastik den Rücken und beugen Sie dadurch einem Rückenleiden vor. In der Regel ist Wärme ein sehr gutes Mittel. Sollten sich allerdings die Schmerzen verstärken, muss dringend ein Arzt hinzugezogen werden. Treten Taubheitsgefühle in Armen und Beinen auf und lässt sich die Blase nur schwer entleeren, so ist ebenso dringend ein Arzt aufzusuchen.

Heublumensack

Bringen Sie einen Topf mit Wasser zum Kochen. Über den offenen Topf legen Sie zwei Kochlöffel über Kreuz. Legen Sie nun auf die gekreuzten Kochlöffel den Heublumensack, damit er sich durch den aufsteigenden Wasserdampf erwärmen kann. Bei 43 °C darf der Heublumensack auf die Haut gelegt werden. Umwickeln Sie

Achtung: Der Heublumensack wird auch als das »Morphium der Naturheilkunde« bezeichnet, weil er eine beruhigende und schmerzlindernde Wirkung hat. Vorsicht allerdings bei Heuschnupfen!

den Heublumensack mit einem Handtuch und legen Sie ihn auf die schmerzende Stelle. Zum Schluss wickeln Sie sich in eine Decke. Der Heublumensack kann 30 bis 40 Minuten aufgelegt bleiben.

Kartoffelwickel

Kochen Sie 3 bis 5 Kartoffeln in der Schale, wickeln Sie sie in ein Leinentuch und zerstampfen Sie die Kartoffeln. Legen Sie den Wickel auf die schmerzende Stelle. Zwischen Haut und Wickel sollten Sie noch ein Tuch legen und dann alles mit einer Wolldecke abdecken. Der Wickel sollte sehr warm, aber nicht zu heiß aufgelegt werden. Wenn das Wärmegefühl des Wickels nachgelassen hat, stellt man einen neuen Wickel her. Die Anwendung kann man 2 bis 3 Mal wiederholen.

Leinsamenumschlag

Füllen Sie 100 Gramm zerstoßene Leinsamen in ein kleines Leinensäckchen. Hängen Sie es 15 Minuten in heißes Wasser. Dann nehmen Sie das Säckchen heraus, drücken es aus und wickeln es in ein weiteres Tuch ein. Nun wird es 20 bis 30 Minuten auf die schmerzende Stelle gelegt.

Sonnenbrand

Bei Sonnenbrand wird die Haut rot, spannt und schmerzt. Wir haben heute die Möglichkeit, uns mit Sonnenschutzcremes vor den schädlichen Wirkungen von Sonnenstrahlen zu schützen. Außerdem ist heute jedem bekannt, dass zu intensive Sonnenbestrahlung ein erhebliches Hautkrebsrisiko darstellt. Daher ist es besonders wichtig, dass wir uns mit einer Kopfbedeckung und leichter Kleidung vor der Sonne schützen. Dies war im bäuerlichen Leben auch der einzige und wirksamste Schutz vor Sonnenbrand und Sonnenstich. Das wichtigste Utensil war ein leichter, breitkrempiger Hut, meist aus Stroh geflochten, der Kopf und Nackenbereich schützte. Modische Zeitgenossen dieses Sonnenschutz-Klassikers sind auch heute noch eines der besten Mittel, sich vor der Sonne zu schützen.

Achtung: **Im Falle eines Sonnenbrands gehen Sie sofort aus der Sonne und nehmen viel Flüssigkeit zu sich. Kommt zum Sonnenbrand noch Fieber hinzu, muss unverzüglich ein Arzt aufgesucht werden.**

Äußerliche Anwendung

Kopfsalatsud-Auflage

Den Kopfsalat teilen und die Blätter etwa 5 Minuten in Wasser kochen lassen. Anschließend werden die Blätter herausgenommen und der Sud für 1 Stunde zum Abkühlen in den Kühlschrank gestellt. Tauchen Sie nun ein Leinentuch in den Sud und legen Sie es auf die betroffene Hautpartie. Die Auflage kühlt die Brandwunde und lindert die Schmerzen.

Quarkauflage

Verrühren Sie Quark mit etwas Buttermilch und streichen Sie die Mischung auf ein Leinentuch. Anschließend legen Sie die Auflage auf die betroffene Stelle. Der Vorgang kann je nach Bedarf wiederholt werden. Quark lässt sich auch durch Joghurt ersetzen.

Schwarztee-Umschlag

Überbrühen Sie 2 bis 3 Teelöffel schwarzen Tee mit 1/2 Liter Wasser und lassen Sie den Tee 10 Minuten ziehen. Dann abkühlen lassen, bevor Sie ein Leintuch eintauchen und auf die geröteten Hautstellen legen.

Dem Sonnenbrand vorbeugen

1. Nehmen Sie nie ein Sonnenbad ohne eine Creme mit ausreichendem Sonnenschutzfaktor.
2. Die Sonnencreme sollte eine halbe Stunde vor dem Sonnenbad aufgetragen werden.
3. In der Zeit zwischen 11 und 16 Uhr ist die Sonne am stärksten. In dieser Zeit die Sonne meiden.
4. Kinder und Säuglinge haben eine sehr empfindliche Haut und sollten deshalb immer eine Kopfbedeckung tragen. Sind sie am Strand der Sonne ausgesetzt, sollten sie ein leichtes T-Shirt tragen.
5. Immer viel trinken!
6. Vorsicht! In höheren Lagen, beispielsweise in den Bergen, wird die Sonnenstrahlung deutlich intensiver, Schnee- und Eisflächen verstärken die Wirkung.
7. Denken Sie daran, auch die Augen vor der Sonneneinstrahlung zu schützen. Achten Sie darauf, eine Sonnenbrille mit ausreichend großen Gläsern und hundertprozentigem UV-Schutz zu tragen. Gerade auch Kinderbrillen genügen manchmal nicht den Anforderungen!

Heil- und Gewürzpflanzen

Heilpflanzen sind nicht nur eine Augenweide, sie dienen in erster Linie zu Heilzwecken. Sebastian Kneipp sagte einmal: »Alles, was wir brauchen, um gesund zu bleiben, hat uns die Natur reichlich geschenkt.« Wir können diesen Ausspruch Pfarrer Kneipps nur unterstreichen. Vieles, was wir heute über die Heilkraft der Pflanzen wissen, haben wir den Mönchen im Mittelalter zu verdanken. Die Benediktiner zum Beispiel brachten von ihren Reisen viele bis dahin unbekannte Pflanzen mit und kultivierten sie. Sie schrieben ihre Anwendungen und Wirkungen auf und gaben so wichtiges Heilpflanzenwissen an die Nachwelt weiter.

Kräuter sammeln und trocknen

In der freien Natur Heilkräuter zu sammeln ist eine entspannende und interessante Beschäftigung. Der richtige Zeitpunkt dafür ist in der Regel im Frühjahr und im Herbst.
Wann exakt die einzelnen Pflanzen reif sind, kann nicht genau definiert werden, weil die Erntezeit von verschiedenen Einflussgrößen wie Wetterverhältnisse der einzelnen Regionen und Bodenbeschaffenheit abhängt. Es gilt, mit offenen Augen über Wiesen, an Waldrändern und Bächen entlangzugehen, um die gesuchten Pflanzen zu entdecken. Möglichst sollten keine viel befahrenen Straßen oder Nutzflächen, die mit Pflanzenschutzmitteln besprüht werden, in unmittelbarer Nähe sein. Haben Sie eine gute Heilkräuterstelle gefunden, dann ernten Sie nicht alles ab, sondern lassen Sie für den Fortbestand noch ausreichend Pflanzen stehen. Optimal für das Sammeln der Kräuter und Gewürze ist es, wenn es am Vortag geregnet hat, weil dann die Pflanzen schon gewaschen sind. Vor der Verarbeitung der Kräuter dürfen diese niemals gewaschen werden, weil sonst Schimmelgefahr besteht.

Beim Sammeln zu beachten

1. Viele Pflanzen ähneln sich, sammeln Sie daher nur die Kräuter, die Sie zweifelsfrei identifizieren können.
2. Pflücken Sie nur die Menge an Kräutern, die Sie innerhalb eines Jahres verbrauchen können.
3. Sammeln Sie an sonnigen Tagen nur reife, saubere und trockene Kräuter.
4. Die gesammelten Kräuter niemals in einer Plastiktüte, sondern immer in einem Korb transportieren.
5. Ungeeignet sind jene Kräuter, die in der Nähe von viel befahrenen Straßen oder neben gedüngten Nutzflächen wachsen.
6. Pflücken Sie niemals Heilkräuter, die unter Naturschutz stehen. In Apotheken sind gezüchtete Heilkräuter erhältlich.
7. Sammeln Sie Blüten am frühen Vormittag und Blätter am späten Vormittag bei zunehmendem Mond. Wurzeln werden hingegen bei abnehmendem Mond im Frühling oder Herbst ausgegraben.
8. Es darf immer nur ein Drittel des gesamten Wurzelstockes entfernt werden, damit die Pflanze weiterleben kann.

9. Blütenblätter werden einzeln mit den Händen gepflückt, die Blütenstände hingegen mit dem Messer abgeschnitten.
10. Samen, Beeren und Blätter pflückt man vorsichtig mit den Händen.

Beim Trocknen und Aufbewahren zu beachten

1. Zweige, wie beispielsweise von Rosmarin oder Lavendel, werden zu kleinen Sträußen gebunden und an einem luftigen, trockenen und schattigen Ort aufgehängt. Vollständig getrocknet können sie zerkleinert und in getönten, luftdicht verschließbaren Gläsern aufbewahrt werden.
2. Blüten, Blätter, Beeren und Früchte werden locker auf einem sauberen Geschirrtuch, das auf einem Rost liegt, nebeneinander gelegt und an einem luftigen, schattigen Ort getrocknet. Einmal in der Woche sollten die Kräuter gewendet werden. Früchte und Beeren können bei 50 °C im Backrohr nachgetrocknet werden. Die getrockneten Kräuter sollten am besten in verschließbaren Gläsern an einem dunklen, trockenen Ort aufbewahrt werden.

3. Um ein Verstauben der Kräuter beim Trocknen zu vermeiden, können diese mit einem leichten Tuch abgedeckt werden.
4. Vorsicht! Nur gut getrocknete Kräuter faulen und schimmeln nicht. Lassen Sie beim Trocknen also Sorgfalt walten und achten Sie darauf, dass alle Pflanzenteile auch wirklich gut durchgetrocknet sind.
5. Wurzeln müssen vor dem Trocknen gewaschen werden. Große Wurzeln werden geviertelt, auf einem Faden luftig aufgezogen und zum Trocknen an einem schattigen Ort aufgehängt. Sind die Wurzeln getrocknet, werden sie klein geschnitten und auf einem mit einem Geschirrtuch belegten Rost ein weiteres Mal getrocknet.
6. Beschriften Sie alle Heilkräutergläser mit dem Erntedatum und dem Namen der Pflanze.
7. Saftige Kräuter wie beispielsweise Petersilie, Schnittlauch, Dill und Bärlauch können auch eingefroren werden. Dazu werden gewaschene und gehackte Kräuter in Eiswürfelbecher gegeben und mit wenig Wasser aufgefüllt. Tiefgekühlt werden die Kräutereiswürfel in einer Tüte aufbewahrt. So können nach Bedarf einzelne Kräuterwürfel entnommen werden.

Gewürzpflanzen von A bis Z

Anlegen eines Kräutergartens

Was gibt es Schöneres, als in den eigenen Garten zu gehen und sich für das Mittagessen frische Würzkräuter zu holen. Doch vor dem Vergnügen des Erntens steht die Arbeit, den Kräutergarten wohldurchdacht anzulegen und ihn dann zu hegen und zu pflegen. Vor der Planung eines Kräutergartens muss entschieden werden, welche Kräuter gepflanzt werden sollen. Denn davon hängen der Standort und die Anlage des Kräutergartens ab. Die eine Pflanze braucht viel Sonne und einen windgeschützten Platz, die andere hingegen gedeiht nur im Halbschatten.

Viele heimische Kräuter sind relativ anspruchslos. Ein wichtiger Punkt beim Anlegen eines Kräutergartens ist das Anpflanzen nach der Höhe der Kräuter. Die hohen Kräuterstauden kommen nach hinten, damit sie den kleinen Pflanzen nicht das Licht wegnehmen. Ebenso wird unterschieden, ob es sich um ein- bzw. zweijährige oder ausdauernde Kräuter handelt. Die Saatzeiten sind ungefähre Angaben und können sich je nach Wetter verschieben.

Anis

Gewürzkräuterhöhe 30 bis 50 Zentimeter

Die einjährige Anispflanze ist ein Doldengewächs, das ursprünglich in Ägypten, Griechenland und im vorderen Asien beheimatet war.

Die Pflanze bevorzugt einen sonnigen, windgeschützten Standort und wird Anfang Mai in Reihen von 25 mal 25 Zentimeter Abstand gesät. Mitte August wird die Pflanze geerntet und in Bündeln getrocknet. Der Anissamen wird in einem luftdicht verschlossenen Glas aufbewahrt.

Anis hat in Form von Tees eine hervorragende Wirkung bei Blähungen, Koliken und bei Erkältungskrankheiten. Er ist ein beliebtes Gewürz für Backwaren, und außerdem wird er häufig als Geschmacksverstärker in Getränken verwendet.

Bärlauch

Gewürzkräuterhöhe 30 bis 50 Zentimeter
Die mehrjährige Pflanze ist ein Lauchgewächs und wächst in ganz Europa und Nordasien.
Bärlauch ist meist an feuchten, halbschattigen Standorten zu finden, also oft am Waldrand oder an baumbewachsenen Bachläufen mit wenig Unterholz. Aus den Bärlauchzwiebeln entwickeln sich alljährlich neue Blätter. Die Blätter entwickeln beim Reiben einen intensiven Knoblauchgeruch und können, noch bevor die weißen Blüten erscheinen, gesammelt werden.
Vorsicht: Maiglöckchen haben ähnliche Blätter wie der Bärlauch, haben aber nicht den typischen Knoblauchduft und sind zudem giftig! Am Duft lassen sich die Blätter der Maiglöckchen eindeutig von den Bärlauchblättern unterscheiden.
Bärlauch hat eine entzündungshemmende, entschlackende Wirkung und wird vorwiegend als Würzkraut benutzt. Getrocknet aufbewahren sollte man Bärlauch nicht, weil dadurch die Wirkstoffe verloren gehen.
Bärlauch eignet sich sehr gut zum Einlegen in Essig oder Öl, er lässt sich aber auch gut tiefkühlen.

Bärlauchessig

Eine kleine Handvoll Bärlauch waschen, trocknen, grob schneiden und eine Knoblauchzehe vierteln. Bärlauch, Knoblauch und 4 bis 6 weiße Pfefferkörner in eine verschließbare Flasche geben. $^1/_2$ Liter Weißweinessig aufkochen und in die Flasche gießen. Nach 2 bis 3 Wochen dunkler und kühler Lagerung kann der Essig gefiltert und in eine andere Flasche umgefüllt werden.

Bärlauchöl

Gewaschene und getrocknete Bärlauchblätter im Ganzen in eine Flasche geben und die Flasche mit Olivenöl auffüllen, bis die Blätter vollständig bedeckt sind. Gut verschlossen an einem dunklen und kühlen Ort 14 Tage ziehen lassen.

Basilikum

Gewürzkräuterhöhe 30 bis 50 Zentimeter
Die einjährige Pflanze ist ein Lippenblütler, der ursprünglich aus Indien stammt. In unseren Breitengraden bevorzugt die Pflanze einen sonnigen und feuchten Standort.
Anfang April erfolgt die Aussaat in ein Mistbeet. Ende Mai kann die frostempfindliche Pflanze in den Kräutergarten mit einem Abstand von 20 mal 20 Zentimetern eingepflanzt werden.
Die Blätter des Gewürzkrauts werden frisch verwendet und schmecken in Salaten, Suppen, Saucen, mit Fisch und zu hellem Fleisch.
Als Heilkraut wird die Pflanze nur sehr selten bei Bauchkrämpfen und Blähungen eingesetzt.

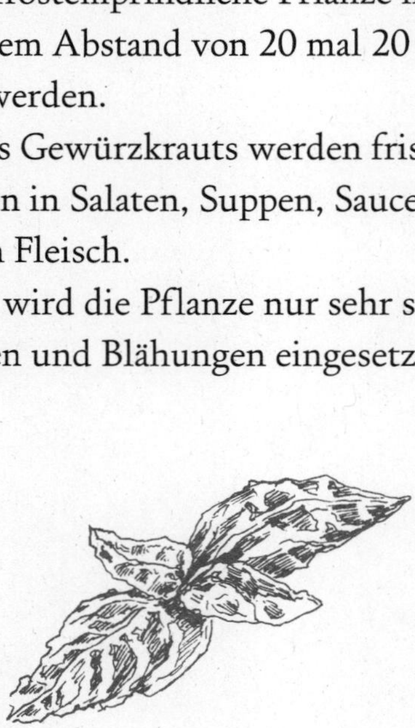

Beifuß

Gewürzkräuterhöhe 100 bis 150 Zentimeter
Die mehrjährige Pflanze ist ein Korbblütler, der in ganz Europa, Asien und Nordamerika heimisch ist. Beifuß wächst auch wild an Hecken und Wegrändern.
Im Garten kann er ab April ausgesät werden. Die Pflanze wird sehr hoch und sollte deshalb im Kräutergarten so platziert werden, dass sie andere Kräuter nicht beeinträchtigt.
Die frischen Beifußblätter sammelt man zwischen Juli und September kurz vor dem Aufbrechen der Blütenknospen. Anschließend werden sie getrocknet.
Da Beifuß die Verdauungssäfte anregt, macht es ihn zur unentbehrlichen Zutat für alle fetten Speisen.
Er hat daneben eine appetitanregende, harntreibende und entkrampfende Wirkung und kann auch als Tee getrunken werden.

Bohnenkraut

Gewürzkräuterhöhe 20 bis 30 Zentimeter
Die einjährige Pflanze ist ein Lippenblütler, sie stammt ursprünglich aus dem östlichen Mittelmeerraum und aus der Gegend um das schwarze Meer.
Die Aussaat erfolgt von April bis Mai an einem sonnigen bis halbschattigen Platz, in einem Reihenabstand von 20 Zentimetern.
Das Kraut kann sowohl frisch als auch getrocknet zum Würzen von Bohnengerichten, Saucen, Suppen und Salaten verwendet werden. Zum Ernten wird das Bohnenkraut kurz vor der Blüte zwischen Juli und September geschnitten, gebündelt und getrocknet.

Borretsch

Gewürzkräuterhöhe 30 bis 50 Zentimeter
Die einjährige Pflanze war ursprünglich im Mittelmeerraum beheimatet, wird aber seit dem späten Mittelalter auch in unseren Breiten kultiviert.
Im Volksmund wird Borretsch gelegentlich auch als Gurkenkraut bezeichnet, da sich seine Blätter durch ihren typischen Gurkengeschmack auszeichnen. Andere volkstümliche Bezeichnungen sind Herzfreude, Liebäuglein oder auch Blauhimmelstern. Letzteren Namen verdankt er seinen auffallend blauen Blüten.
Borretsch wird zwischen Mitte April und Mitte Juli im Reihenabstand von 25 Zentimetern an einem sonnigen Platz angesät. Es ist empfehlenswert, Folgesaaten anzusäen, damit man immer junge Blätter ernten kann. Die zarten, jungen Blätter können je nach Aussaat ab Ende Mai bis Oktober geerntet werden.
Borretsch sollte nicht getrocknet werden, weil er dabei deutlich an Geschmack verliert, er eignet sich aber gut zum Einfrieren. Fein gehackt schmeckt Borretsch zu Salaten, Saucen, Suppen, Fisch, Rindfleisch und Eiern. Er wirkt beruhigend, herzstärkend und blutreinigend.

Dill

Gewürzkräuterhöhe 60 bis 100 Zentimeter

Die einjährige Pflanze ist ein Doldenblütler und kommt ursprünglich aus dem Mittelmeerraum. Heute wächst sie im gesamten europäischen Raum.

Im April wird die Pflanze in einem Reihenabstand von 20 Zentimetern an einem sonnigen Standort gesät. Ende Mai bis Oktober kann das Dillkraut geerntet, anschließend getrocknet oder tiefgekühlt werden.

Dill schmeckt besonders gut zu Gurken, Fischgerichten, Saucen und Bohnensalat.

In Form von Tee hilft Dill bei Schlaf- und Verdauungsstörungen.

Estragon

Gewürzkräuterhöhe 70 bis 100 Zentimeter
Die mehrjährige Pflanze ist ein Korbblütengewächs und kommt aus der Mongolei und Mittelasien. Sie bevorzugt feuchten Boden mit sonniger bis schattiger Lage. Die Aussaat erfolgt Ende März bis April in ein geschütztes Saatbeet. Später werden die kleinen Pflänzchen im Abstand von 40 mal 40 Zentimetern eingepflanzt. Die Blätter und Triebspitzen werden von Anfang Juli bis Ende Oktober geerntet, getrocknet oder tiefgekühlt.
Estragon regt die Verdauung an und wirkt harntreibend.

Estragonessig
4 Esslöffel Estragonblätter grob zerkleinern, mit 4 Gewürznelken, 1 Teelöffel Pfefferkörner und etwas Zitronenschale in ein verschließbares Glas geben und mit 1 Liter Weißweinessig auffüllen. Das Glas 3 bis 4 Wochen an einen hellen, warmen Ort stellen. Einmal täglich das Glas schütteln. Dann den Essig in eine Flasche abfiltern. Zur Dekoration nach Belieben 2 Estragonzweige in den Essig geben.

Kerbel

Gewürzkräuterhöhe 40 bis 50 Zentimeter
Die einjährige Pflanze ist ein Doldenblütler und stammt aus Südosteuropa und Westasien.
Im März wird der Kerbel an einem sonnigen bis halbschattigen Platz im Reihenabstand von 25 Zentimetern angesät. Folgesaaten sind bis Juli möglich. Das junge Kerbelkraut, das besonders aromatisch und vitaminreich ist, wird vor der Blüte von Juni bis Oktober geerntet. Möchte man Kerbel im zeitigen Frühjahr ernten, muss man ihn bereits im September aussäen.
In der Küche verwendet man den Kerbel in Suppen, Salaten oder in Saucen.

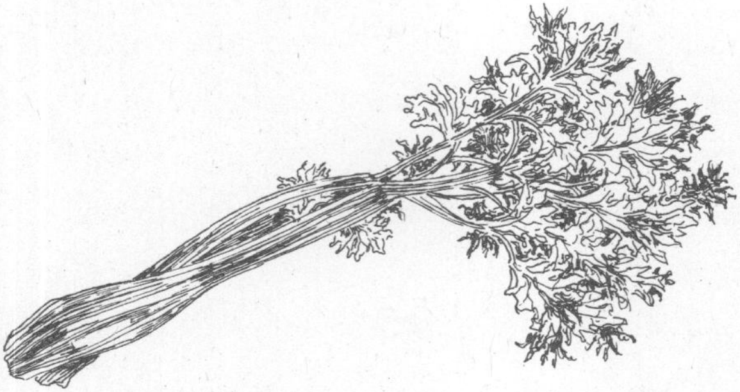

Koriander

Gewürzkräuterhöhe 40 bis 60 Zentimeter
Die einjährige Pflanze ist ein Doldengewächs und kommt ursprünglich aus dem Orient und dem Mittelmeergebiet. Heute wird Koriander weltweit kultiviert. Ende April erfolgt die Aussaat in einer Reihenweite von 30 Zentimetern in einer sonnigen Lage. Geerntet wird im August. Dazu schneiden Sie die Pflanzen ab und hängen sie kopfüber zum Trocknen auf.
Der Samen wird hauptsächlich als Brotgewürz oder auch als Tee verwendet. Koriander hat eine antibiotische, krampflösende und durchblutungsfördernde Wirkung.

Kümmel

Gewürzkräuterhöhe 70 bis 100 Zentimeter

Kümmel ist ein Doldenblütler und in ganz Europa und Asien beheimatet.

Der Samen wird von Mai bis Juni im Reihenabstand von 30 Zentimetern ausgebracht. Im ersten Jahr entwickelt sich nur eine Blattrosette, erst im zweiten Jahr können die Früchte geerntet werden. Die Dolden werden abgeschnitten und an einem schattigen, luftigen Ort getrocknet.

Kümmel wird gern in Sauerkraut, Kartoffeln, Rote Bete, Brot, Käse und Suppen gegessen.

Kümmel hat eine krampflösende, antibakterielle und magenstärkende Wirkung und wird in Form von Tee bei Magen- und Darmverstimmungen getrunken.

Liebstöckel

Gewürzkräuterhöhe 150 bis 200 Zentimeter
Die mehrjährige Pflanze ist ein Doldengewächs und kommt ursprünglich aus Südwesteuropa. Liebstöckel ist auch als Maggikraut bekannt.
Die Aussaat erfolgt im Frühjahr an einem sonnigen bis halbschattigen Platz mit einer Pflanzweite von mindestens 50 mal 50 Zentimetern. Das hoch wachsende Kraut kann jederzeit allein in einer Ecke im Garten stehen.
Im ersten Jahr bildet sich aus dem Wurzelstock zunächst eine Blattrosette. Aus dem deutlich größeren Wurzelstock wachsen im zweiten Jahr Stängel mit den typischen Blättern. Die Wurzelstöcke können zur Vermehrung geteilt werden.
Die jungen Liebstöckelblätter, die sich erst im zweiten Jahr entwickeln, haben einen sellerieartigen Geruch und eignen sich frisch oder getrocknet zum Würzen von Suppen, Salaten, Geflügel und Eintöpfen. Aus der Wurzel, die im Herbst ausgegraben und getrocknet wird, kann ein Tee zubereitet werden.
Liebstöckel hat eine harntreibende, schleimlösende und entblähende Wirkung.

Majoran

Gewürzkräuterhöhe 30 bis 50 Zentimeter

Die einjährige Pflanze ist ein Lippenblütler und stammt aus dem östlichen Mittelmeergebiet.

Die Aussaat erfolgt im April im Mistbeet, oder es werden Pflänzchen in Blumentöpfen vorgezogen. Ende Mai können die Jungpflanzen ins Freiland, immer drei zusammen, im Abstand von 15 mal 15 Zentimetern an einem windgeschützten und sonnigen Standort eingepflanzt werden. Das Majorankraut wird geerntet, wenn die ersten Blüten erscheinen.

Speisen, wie beispielsweise Saucen, Braten, Salate, Gemüse oder Fisch, werden mit frischem oder getrocknetem Majoran gewürzt.

Majoran hat eine krampflösende, schleimlösende und verdauungsfördernde Wirkung. Er regt die Nierentätigkeit an und wirkt zudem blutdrucksenkend.

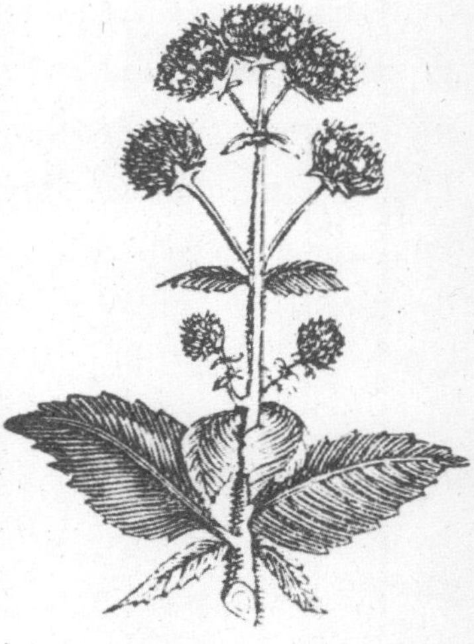

Petersilie

Gewürzkräuterhöhe 30 bis 100 Zentimeter
Die zweijährige Pflanze ist ein Doldenblütler. Sie stammt aus dem östlichen Mittelmeerraum und wird heute weltweit kultiviert.
Petersilie ist frosthart und wird im zeitigen Frühjahr in einem Reihenabstand von 15 Zentimetern an einem nicht zu sonnigen Standort gesät. Das Universalgewürz wird frisch, getrocknet oder tiefgekühlt verwendet.
Für Petersilientee sollten getrocknete Petersilienwurzeln benutzt werden, weil der therapeutische Effekt dann höher ist. Die Petersilienwurzel eignet sich sehr gut für Gemüsesuppen und Braten.
Das vitamin- und mineralstoffhaltige Kraut besitzt blutbildende, harntreibende und entschlackende Wirkung.

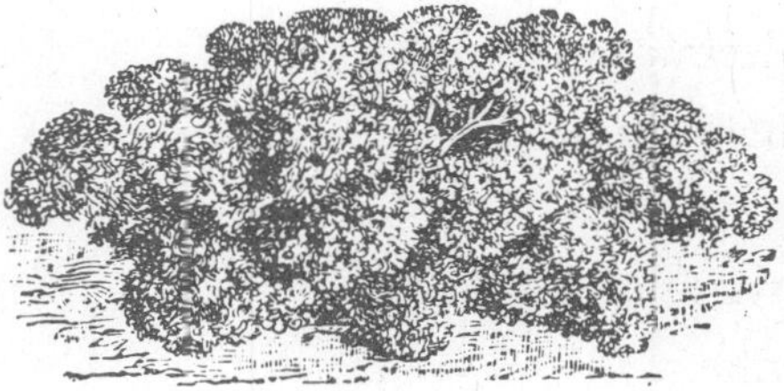

Rosmarin

Gewürzkräuterhöhe 40 bis 70 Zentimeter
Die mehrjährige Pflanze ist ein Lippenblütler und im ganzen Mittelmeerraum beheimatet. Rosmarin ist in unserem Klima in der Regel nicht winterhart, deshalb sollte er in Töpfen vorgezogen werden.
Es empfiehlt sich, Stecklinge zu kaufen, weil die Aussaat in Töpfen sehr langwierig ist. Im Sommer können die Pflänzchen ins Beet gepflanzt werden. Rosmarin bevorzugt eher sandigen, lehmigen Boden und mag es gerne sonnig.
Rosmarinblätter eignen sich sowohl frisch als auch getrocknet sehr gut zum Marinieren von Grillfleisch oder zum Würzen von Braten und Gemüsegerichten.
Rosmarin hat eine stärkende und verdauungsfördernde Wirkung. Dem Badewasser zugesetzt wirkt Rosmarin belebend.

Salbei

Gewürzkräuterhöhe 40 bis 60 Zentimeter
Salbei kommt ursprünglich aus den westlichen Mittelmeerländern und ist ein Lippenblütler.
Die Aussaat erfolgt im April im Mistbeet oder im Mai ins Saatbeet an einem sonnigen, trockenen Standort. Er bevorzugt kalkhaltigen, sandigen und lehmigen Boden. Sind die Salbeipflänzchen kräftig genug, werden sie in einer Pflanzweite von 30 mal 30 Zentimetern umgesetzt. Je nach Größe können sie ab Mai bis November geerntet werden.
Als Gewürz schmeckt Salbei sehr gut zu Fleisch, Aal, Nudeln und Kalbsleber. Die graugrünen Blätter, die auch getrocknet werden können, haben eine entzündungshemmende, krampflösende und antiseptische Wirkung. Salbeitee wird bei Halsentzündungen und Husten angewendet. Zudem unterstützt Salbei die Verdauung.

Schnittlauch

Gewürzkräuterhöhe 20 bis 40 Zentimeter
Die mehrjährige Pflanze ist ein Liliengewächs und gedeiht in ganz Europa, Sibirien, Nordamerika und in Ostasien. Schnittlauch bevorzugt einen sonnigen bis halbschattigen Standort.
Im April wird er in Reihen ausgesät und ab Juni zu kleinen Nestern geteilt und im Abstand von 20 mal 20 Zentimetern verpflanzt. Bei der Ernte ist zu beachten, dass maximal die Hälfte eines Schnittlauchstockes abgeschnitten werden sollte.
Schnittlauch ist sehr vitaminreich und als Suppengrün sehr beliebt. Ebenso wird Schnittlauch gern zu Quark, Salaten, Eiern und zur Dekoration verwendet.

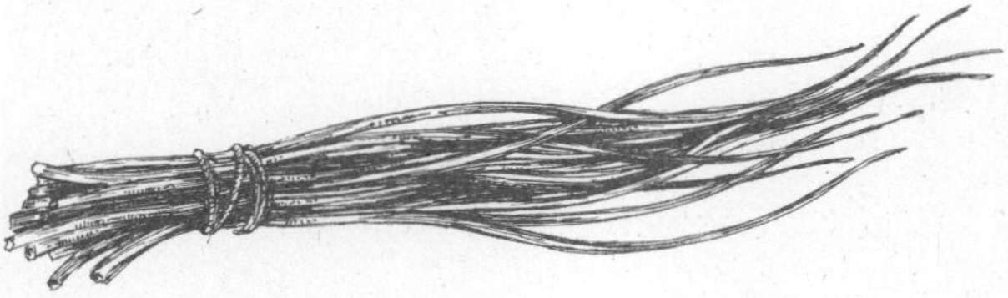

Thymian

Gewürzkräuterhöhe 20 bis 30 Zentimeter

Die mehrjährige Pflanze ist ein Lippenblütler und wächst im gesamten Mittelmeerraum.

Die Aussaat erfolgt Ende März geschützt in ein Mistbeet, später wird er in einer Pflanzweite von 20 mal 20 Zentimetern umgepflanzt. Thymian bevorzugt einen sonnigen und windgeschützten Standort, er ist winterhart, sollte aber in kalten Wintermonaten mit Reisig abgedeckt werden. Geerntet wird er von Juni bis September. In der Küche werden Fleisch, Suppen, Salate, Gemüse und Pasteten mit Thymian gewürzt.

Thymiantee hat eine desinfizierende, entzündungshemmende und harntreibende Wirkung.

Heilpflanzen von A bis Z

Apotheker- und Klostergärten

Unser heutiges Wissen um die Heilkraft der Pflanzen basiert auf jahrhundertealter Erfahrung. Viele der heute bekannten Heilpflanzen waren ursprünglich im Mittelmeerraum beheimatet und wurden erst im Mittelalter von reisenden Mönchen in unsere Regionen gebracht und in Klostergärten kultiviert.

Außerhalb des Klostergartens mit Heilpflanzen zu experimentieren war zur damaligen Zeit gefährlich, da die ländliche Bevölkerung zum größten Teil nicht lesen konnte. Daher war man stark auf eine exakte mündliche Tradition angewiesen.

Neben den harmlosen Heilpflanzen gibt es auch einige giftige Gewächse, wie den Fingerhut oder die Tollkirsche. Bei diesen sollte man dringend auf eine Selbstzubereitung und Selbstanwendung verzichten. In Zweifelsfällen immer den Rat eines Arztes einholen.

Wer sich intensiver mit Heilpflanzen beschäftigen möchte, dem empfiehlt sich die Besichtigung eines Kloster- oder Apothekergartens, wie man sie in vielen botanischen Gärten findet.

Arnika

Die Pflanze wächst auf Heiden und Almwiesen bis in 2000 Metern Höhe.
Gesammelt wurden die Arnikablüten früher während der Blütezeit von Juni bis August. Heute steht die Pflanze allerdings unter Naturschutz und darf nicht mehr gesammelt werden. Man erhält Arnika für Tee oder als Tinktur jedoch in der Apotheke.
Arnika wird ausschließlich äußerlich angewendet, beispielsweise bei Prellungen, Verstauchungen, Gichtanfällen und rheumatischen Gelenkbeschwerden.

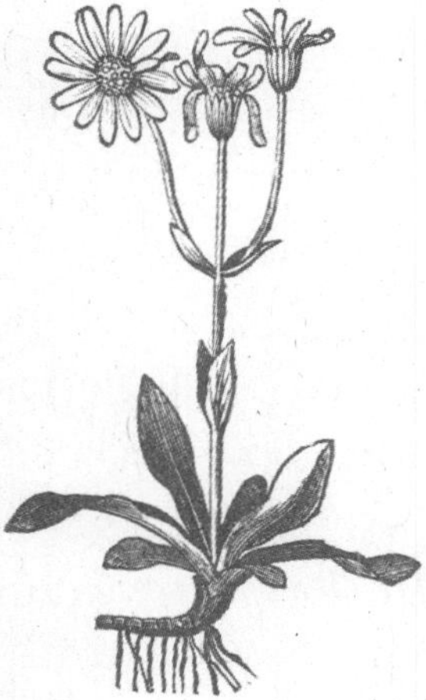

Arnikatee
Übergießen Sie 1 Esslöffel Arnikablüten mit $^1/_4$ Liter heißem Wasser. Lassen Sie den Tee anschließend 10 Minuten ziehen, ehe Sie ihn abseihen und dann abkühlen lassen. Tränken Sie ein Tuch mit dem Tee und legen Sie es auf die betroffene Stelle auf.

Augentrost

Die Pflanze wächst wild in ganz Europa auf Bergwiesen, Weiden und an Wegrändern.

In der Blüte wird das Augentrostkraut von Juni bis Oktober gesammelt und getrocknet.

Die Pflanze hat eine entzündungshemmende und die Abwehr stärkende Wirkung. Äußerlich wird Augentrost oft bei Bindehautentzündungen angewendet. Dazu tränkt man ein Baumwoll-Pad in lauwarmem Tee und legt das Pad 10 Minuten auf das geschlossene Auge. Die Anwendung kann täglich mehrmals wiederholt werden.

Augentrosttee

1 Esslöffel getrocknetes Augentrostkraut mit $^1/_4$ Liter heißem Wasser übergießen, dann den Tee 10 Minuten ziehen lassen und filtern. Dann lassen Sie den Tee abkühlen und tränken ein Tuch damit. Achtung: Eine Anwendung mit Augentrost ist für Kinder nicht geeignet!

Baldrian

Die Pflanze wächst im gesamten europäischen Raum wild auf Wiesen und an Wegrändern.
Der zweijährige Baldrian wird in der Regel im Herbst geerntet. Dabei wird die Wurzel ausgestochen, gewaschen und getrocknet.
Baldrian hat eine beruhigende Wirkung, hilft bei Schlafstörungen, wirkt entspannend auf die Muskulatur und wird überwiegend in Form von Tee aufgenommen.
Baldriantee kann auch gegen Migränebeschwerden eingesetzt werden.

Baldriantee
Für den Kaltauszug wird $^1/_4$ Liter zimmerwarmes Wasser auf 1 Esslöffel getrocknete Baldrianwurzel gegossen.
Die Mischung lässt man 8 bis 10 Stunden zugedeckt ziehen und gießt sie anschließend durch ein Sieb. Von dem Tee täglich 2 bis 3 Tassen trinken.

Bibernelle

Die Pflanze ist über den gesamten europäischen Raum verbreitet und kommt häufig an Bachufern und Waldrändern vor.
Die Wurzel wird zwischen März und April gestochen, gereinigt und getrocknet.
Mit ihrer schleimlösenden und antibakteriellen Wirkung wird die Bibernelle häufig bei Husten und Halsschmerzen eingesetzt. Der Tee aus Bibernellenwurzeln desinfiziert und eignet sich auch hervorragend als Gurgellösung.

Bibernelletee
1 Esslöffel getrocknete und zerkleinerte Bibernellenwurzeln in $^{1}/_{4}$ Liter Wasser 5 Minuten kochen lassen. Dann lässt man den Tee noch weitere 5 Minuten ziehen und seiht ihn anschließend in eine Tasse ab.

Birkenblätter

Der Baum mit der weißen Rinde wächst meist an Waldrändern. Er stellt an den Boden keine besonderen Anforderungen.
Zwischen Mai und Juni werden die Blätter gesammelt und getrocknet.
Die Heilpflanze wirkt harntreibend und den Harnsäurespiegel senkend. In der Kosmetik ist der Birkensaft, der aus dem Stamm gewonnen wird, in Haarwässern und Shampoos zu finden. Er hilft bei brüchigen und glanzlosen Haaren und unterstützt den Haarwuchs.

Birkenblättertee
1 bis 2 Esslöffel getrocknete Birkenblätter mit 1/4 Liter kochend heißem Wasser aufgießen. Den Tee insgesamt 10 Minuten ziehen lassen und dann abseihen. Von dem Tee trinken Sie 3 Mal täglich 1 Tasse in kleinen Schlucken.

Brennnessel

Die Pflanze gedeiht in ganz Europa. Sie wächst an Wegrändern und Schuttplätzen.
Zwischen Mai und Juli werden die Blätter gesammelt und getrocknet.
Die jungen, zarten und vitaminreichen Brennnesselblätter können auch als Suppeneinlage verwendet oder unter Blattsalate gemischt werden.
Als Tee getrunken haben Brennnesseln eine harntreibende, blutreinigende und entwässernde Wirkung.
Der Tee unterstützt innerlich angewendet auch die Abheilung von Abszessen.

Brennnesseltee

$^1/_4$ Liter heißes Wasser über 1 Esslöffel getrocknete Brennnesselblätter gießen, den Tee 10 Minuten ziehen lassen und anschließend abseihen. Über den Tag verteilt 2 bis 3 Tassen Tee in kleinen Schlucken trinken.

Brombeere

Brombeersträucher sind in ganz Europa in Wäldern, Lichtungen und Gärten zu finden.
Die Blätter werden von April bis September, die Früchte im August geerntet.
Die frische Brombeere ist sehr wohlschmeckend und gesund. Häufig werden daraus Gelees und Säfte gemacht.
Brombeerblätter werden bei Durchfallerkrankungen, Husten und Magenverstimmungen sowohl getrocknet als auch frisch als Tee zubereitet angewendet. Als Mundspülung hilft der Tee bei Zahnfleischentzündung.

Brombeertee
Übergießen Sie 1 Esslöffel getrocknete Brombeerblätter mit $^{1}/_{4}$ Liter heißem Wasser. Lassen Sie den Aufguss 10 Minuten zugedeckt ziehen, anschließend seihen Sie ihn ab. Den Tee in kleinen Schlucken trinken.

Ehrenpreis

Die Pflanze gedeiht in ganz Europa und wächst bevorzugt in lichten Wäldern, an Wegen und auf Wiesen.
Die blühende Pflanze wird von Juni bis August gesammelt und anschließend getrocknet.
Durch ihre auswurffördernde und hustenstillende Wirkung wird sie bei Atemwegserkrankungen angewendet. Die Heilpflanze hat auch eine juckreizstillende Wirkung und ist häufig Bestandteil von Teemischungen gegen Hautleiden.

Ehrenpreistee
1 Esslöffel getrocknetes Ehrenpreiskraut mit $^{1}/_{4}$ Liter heißem Wasser übergießen, den Tee 10 Minuten ziehen lassen und anschließend durch ein Sieb gießen. Trinken Sie 3 Mal täglich langsam und schluckweise 1 Tasse von dem Tee.

Eibisch

Der Eibisch ist eine besondere Heilpflanze, die in keinem Garten fehlen sollte. Er steht unter Naturschutz und ist auf feuchten, eher salzigen Böden zu finden. Die Blätter werden vor der Blütezeit im Mai und Juni gesammelt und getrocknet. Die Wurzeln hingegen werden im Frühjahr oder im Herbst gestochen und getrocknet.
Eibisch hilft bei Bronchitis, Halsschmerzen und bei Geschwüren in Magen und Dünndarm.

Eibischtee
1/4 Liter kaltes Wasser über 1 Esslöffel getrocknete Wurzeln oder 1 Esslöffel getrocknete Blätter gießen und den Kaltauszug 8 bis 10 Stunden ziehen lassen. Anschließend filtern und leicht erwärmt trinken. Achtung: den Tee keinesfalls wieder zum Kochen bringen.

Eisenkraut

Die Pflanze wächst auf der ganzen Welt und ist an Hecken, Wiesen und Waldrändern anzutreffen.
Eisenkraut wird im Juli und August gesammelt und getrocknet. Verwendet werden die Seitenzweige mit den Blättern.
Die Heilpflanze wird äußerlich und innerlich angewendet und hilft bei Mund- und Rachenerkrankungen.
Ebenso trägt Eisenkraut zur allgemeinen Stärkung des Körpers bei.

Eisenkrauttee

1 Esslöffel Eisenkraut mit $^{1}/_{4}$ Liter heißem Wasser übergießen und 10 Minuten ziehen lassen. Anschließend den Aufguss abseihen. Man trinkt täglich 1 bis 2 Tassen von diesem Tee.

Erdrauch

Die Pflanze ist in ganz Europa zu finden. Sie wächst auf feuchten Äckern und Wiesen.
Erdrauch wird von Mai bis September gesammelt und getrocknet.
Durch seine krampflösende Wirkung wird Erdrauch bei Gallen- und Verdauungsbeschwerden angewendet.
Äußerlich wird er auch bei Ekzemen und Hautunreinheiten eingesetzt. Dazu tränkt man ein Tuch mit dem abgekühlten Tee und legt es auf die betroffene Stelle.

Erdrauchtee

Übergießen Sie 1 Esslöffel getrocknetes Erdrauchkraut mit $^1/_4$ Liter heißem Wasser. Lassen Sie den Aufguss 10 Minuten zugedeckt ziehen. Anschließend seihen Sie den Tee in eine Tasse ab. Trinken Sie von dem Erdrauchtee täglich 3 Tassen in kleinen Schlucken.

Fenchel

Fenchel wächst in sonnigen Lagen in ganz Europa und wird als Kulturpflanze im Frühjahr oder Herbst gesät. Geerntet werden die Fenchelfrüchte im frühen Herbst, kurz bevor sich die Dolden färben.
Als Küchengewürz wird Fenchel zu Aufläufen, Fischgerichten und in Kräutertunken verwendet.
Als Heilmittel wird Fenchel als Tee bei Blähungen, Augenentzündungen und bei Magen- und Darmbeschwerden angewendet. Bei Augenentzündungen werden die Augen mit lauwarmem Tee ausgewaschen.

Fencheltee
1 Esslöffel Fenchelsamen zerdrücken und $^{1}/_{4}$ Liter heißes Wasser darübergießen. Dann den Tee 10 Minuten zugedeckt ziehen lassen und anschließend in eine Tasse abseihen. Trinken Sie den Fencheltee in kleinen Schlucken.

Frauenmantel

Der Frauenmantel kommt überall auf der nördlichen Halbkugel vor. Die Pflanze wächst an feuchten Waldrändern und Bächen. Man erkennt das zierliche Staudengewächs an seinen gelbgrünen, kelchartig geformten Blättern.

Die Blätter werden von Mai bis August gesammelt und anschließend getrocknet.

Frauenmantel hat eine krampflösende Wirkung und wird bei Menstruations- und Wechseljahrbeschwerden eingesetzt.

Frauenmanteltee

Übergießen Sie 1 Esslöffel getrocknetes Frauenmantelkraut mit 1/4 Liter heißem Wasser. Anschließend lassen Sie den Tee 10 Minuten ziehen. Seihen Sie dann den Frauenmanteltee in eine Tasse ab und trinken Sie ihn in kleinen Schlucken.

Gänseblümchen

Das Gänseblümchen ist ein mehrjähriger Korbblütler, der vom Mittelmeer bis in den hohen Norden überall verbreitet ist.

Gesammelt werden die Blüten und das Kraut in der Zeit von März bis Oktober.

Mit Gänseblümchen können Speisen dekoriert werden. Sie passen auch gut zu Blattsalaten. Die Blüten des Gänseblümchens selbst können auch gegessen werden. Am besten schmecken die ganz jungen Blättchen aus dem Inneren der Rosette. Die Knospen und die nur halb geöffneten Blüten schmecken nussartig, die geöffneten Blüten jedoch sind leicht bitter. Sauer eingelegte Gänseblümchenknospen können in der Küche als Kapernersatz verwendet werden.

Die Wiesenblume mit ihren ätherischen Ölen, Bitterstoffen und Gerbstoffen hat eine harntreibende, blutreinigende und schleimlösende Wirkung und wird traditionell bei Hauterkrankungen und Leberleiden eingesetzt. Außerdem wirkt die Pflanze entwässernd, sie findet bei der Frühjahrskur oder auch als Rheumamittel Anwendung.

Gänsefingerkraut

Die auf der ganzen Nordhalbkugel weit verbreitete Pflanze gedeiht überwiegend an Wegrändern und auf Wiesen.
Während der Blütezeit zwischen Mai und August werden die gefiederten, dunkelgrünen Blätter, die auf der Unterseite silbrig behaart sind, gesammelt und getrocknet.
Das Kraut wirkt krampflösend und hilft bei Menstruations- sowie bei Magen- und Darmbeschwerden.
Auch bei Verkrampfung der Muskulatur, beispielsweise bei Wadenkrämpfen, hilft das Gänsefingerkraut.

Gänsefingerkrauttee
1 Esslöffel getrocknetes Gänsefingerkraut mit 1/4 Liter heißem Wasser übergießen, den Tee 10 Minuten zugedeckt ziehen lassen und anschließend durch ein Sieb gießen. In kleinen Schlucken trinken.

Goldrute

Die Pflanze ist in ganz Europa verbreitet und wächst bevorzugt in Waldlichtungen, auf Wiesen und in Kahlschlägen.
Das Kraut wird mit den Blüten zwischen Juli und September gesammelt, anschließend bindet man es zu Bündeln und trocknet es an einem schattigem Ort.
Mit ihrer harntreibenden und entzündungshemmenden Wirkung wird die Heilpflanze bei Blasenentzündung, Nierengrieß und Nierensteinen angewendet. Eine heilende Wirkung zeigt sie auch bei Gicht und Rheuma.

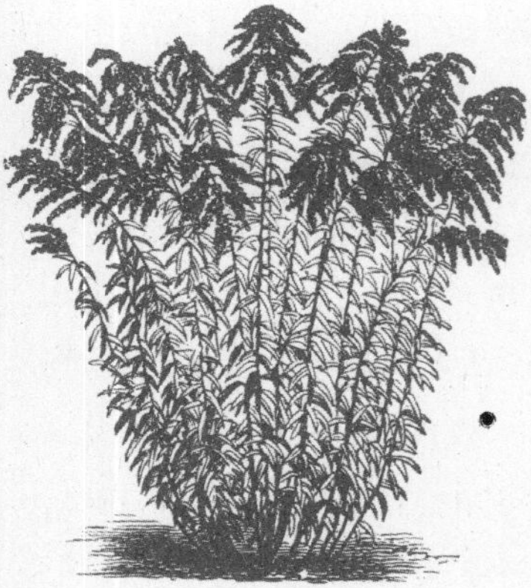

Goldrutentee
Übergießen Sie 1 Esslöffel getrocknetes Goldrutenkraut mit $^1/_4$ Liter heißem Wasser, lassen Sie den Tee 10 Minuten ziehen. Anschließend filtern. Von dem Tee 3 Mal täglich 1 Tasse schluckweise trinken.

Heckenrose

Die stachelige Heckenrose, auch als Hagebutte bekannt, wächst in ganz Mitteleuropa.
Zwischen September und November werden die roten Früchte gesammelt, halbiert, von den Kernen befreit und in der Sonne getrocknet.
Aus den getrockneten Hagebutten lässt sich ein Tee zubereiten, der eine abwehrstärkende, harntreibende und entschlackende Wirkung hat. Wegen des hohen Gehaltes an Vitamin C kann der Tee auch als Vorbeugung gegen Erkältungskrankheiten getrunken werden.

Hagebuttentee
1/4 Liter Wasser mit 1 Esslöffel frischer oder getrockneter Hagebuttenschalen 5 bis 10 Minuten kochen lassen, den Tee noch ein paar Minuten ziehen lassen und anschließend durch ein Sieb gießen. Trinken Sie davon mehrmals täglich 1 Tasse.

Heidelbeere

Die Beerenstaude ist ein Heidekrautgewächs und gedeiht auf sauren, torfigen Böden in Wäldern und auf Heiden. In Gärten können die Heidelbeeren auch kultiviert werden. Die Heidelbeere blüht von Mai bis Juni. Wegen ihrer Färbung werden Heidelbeeren verbreitet auch Blaubeeren genannt. Gesammelt werden die reifen, dunkelblauen Beeren von August bis September. Die Blätter werden möglichst jung gesammelt und getrocknet. Die Beeren können frisch zu Marmeladen und zu Säften verarbeitet oder getrocknet werden. Die Heidelbeere wirkt antibakteriell und entzündungshemmend. Getrocknete Früchte wirken den Stuhl regulierend und können bei Durchfall gegessen werden. Von einem Dauergebrauch und einer Überdosierung von Heidelbeerblättern wird abgeraten. Die Früchte können frisch oder getrocknet bedenkenlos gegessen werden.

Heidelbeertee

Über 1 Esslöffel getrocknete Heidelbeerblätter 1/4 Liter heißes Wasser gießen. 10 Minuten ziehen lassen und abseihen. 1 Woche täglich höchstens 2 Tassen trinken.

Heidelbeerlikör

300 g reife Heidelbeeren · 100 g brauner Kandiszucker · 1 l Obstler

Die Heidelbeeren waschen, trocknen und in eine Schüssel geben. Die Früchte mit einer Gabel leicht zerquetschen. Den Kandiszucker unter die Heidelbeeren rühren und zugedeckt etwa 10 Stunden stehen lassen. Hat sich der Kandiszucker nahezu aufgelöst, wird die Mischung in ein gut verschließbares Gefäß gefüllt, zum Beispiel in ein Einweckglas, und mit dem Obstler aufgefüllt. Gut verschlossen sollte der Likör nun 4 bis 6 Wochen an einem hellen Ort ziehen. Den Ansatz täglich einmal durchschütteln. Den Likör durch ein Mulltuch filtern und in Flaschen füllen.

Herzgespann

Die Staude gedeiht an Schuttplätzen und Wegrändern. Bei uns ist sie mittlerweile sehr selten geworden, obwohl sie einst weit verbreitet war und eigentlich eine anspruchslose Pflanze ist.
Das Kraut wird während der Blütezeit von Juni bis September gesammelt und getrocknet.
Allgemein hat die Pflanze eine beruhigende und nervenstärkende Wirkung und wird bei nervösen Herzbeschwerden, Bluthochdruck, bei Schilddrüsenüberfunktion und bei Wechseljahrbeschwerden angewendet.

Herzgespanntee
Übergießen Sie 1 Esslöffel Herzgespannkraut mit $^1/_4$ Liter heißem Wasser. Lassen Sie den Aufguss dann 10 Minuten ziehen und seihen Sie ihn anschließend ab.
Achtung: Dieser Tee eignet sich nicht während der Schwangerschaft.

Himbeere

Der Strauch wächst vorwiegend in kühleren Gegenden an Waldrändern, Lichtungen und Hecken.
Die jungen Blätter werden von Mai bis August und die Beeren von Juli bis August gesammelt.
Der Himbeerblättertee wird häufig ab der 35. Schwangerschaftswoche zur Geburtsvorbereitung getrunken, weil er die Muskulatur des kleinen Beckens lockert. Man kann täglich 2 Tassen davon trinken. Außerdem wird der Tee auch zur Unterstützung der Abwehrkräfte und bei Menstruationsbeschwerden getrunken.

Himbeertee
1 Esslöffel getrocknete Himbeerblätter mit $^1/_4$ Liter heißem Wasser übergießen, 10 Minuten ziehen lassen und anschließend abseihen.

Hirtentäschel

Die Pflanze wächst in ganz Europa und ist auf Wegen, Wiesen und Böschungen zu finden.
Die Blütezeit ist von Ende Februar bis November und die Sammelzeit von März bis Oktober.
Hirtentäschel hat eine entzündungshemmende, blutstillende und den Blutdruck regulierende Wirkung. Häufig wird er auch bei zu starker und zu unregelmäßiger Regelblutung angewendet. Hirtentäschel hilft auch in Form eines Um-schlags bei rheumatischen Beschwerden. Man tränkt dazu ein Baumwolltuch im kalten Tee und legt das Tuch auf die schmerzende Stelle.

Hirtentäscheltee
1 Esslöffel getrocknetes Hirtentäschelkraut mit $^1/_4$ Liter heißem Wasser übergießen, den Tee 10 Minuten ziehen lassen und anschließend abseihen. Trinken Sie von diesem Tee täglich 2 Tassen.

Holunder

Der Holunder wächst als Baum oder als Strauch in ganz Europa. Früher war Holunder als Hausbaum in jedem Bauerngarten zu finden.
Die aufgeblühten Blütenstände werden zwischen Juni und Juli abgeschnitten, getrocknet und anschließend vorsichtig von den Stielen abgestreift. Die Holunderfrüchte hingegen werden erst geerntet, wenn sie tiefschwarz sind; unreife Beeren sind giftig.
Als Heilmittel ist der Holunder begehrt, weil er abwehrstärkende, schweißtreibende, blutreinigende und schleimlösende Wirkung besitzt.

Holundertee
1 Esslöffel getrocknete Holunderblüten mit $^1/_4$ Liter heißem Wasser übergießen und 10 Minuten ziehen lassen. Den Teeaufguss in eine Tasse abseihen und warm in kleinen Schlucken trinken.

Hopfen

Diese heimische Kletterpflanze wird auf großen Feldern für die Bierherstellung kultiviert, sie wächst aber auch wild an Fluss- und Bachläufen.
Im September und Oktober werden die grünen bis gelblichen Fruchtstände geerntet und getrocknet.
Hopfen hat eine beruhigende Wirkung und wird bei Angstzuständen, Einschlafstörungen und innerer Unruhe angewendet. Er hilft bei Menstruations- und Wechseljahrbeschwerden sowie bei leichten Depressionen.

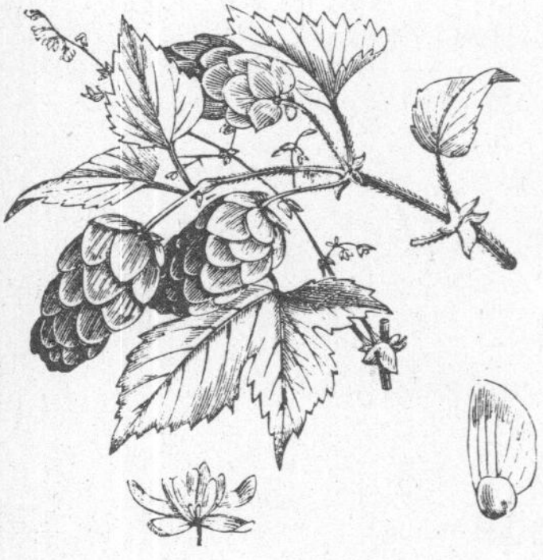

Hopfentee
1 Esslöffel zerkleinerte getrocknete Hopfenzapfen mit $^1/_4$ Liter heißem Wasser übergießen, den Tee 10 Minuten ziehen lassen und anschließend abseihen.
Bei Schlafstörungen trinken Sie vor dem Zubettgehen 1 Tasse von dem Tee.

Huflattich

Die Pflanze ist in ganz Europa an Bahndämmen, Wegrändern und Schuttplätzen zu finden. Sie gehört mit ihren gelben Blüten zu den Frühlingsblühern. Solange der Huflattich nicht blüht, kann er leicht mit der weißen Pestwurz verwechselt werden. Die Blüten werden von Februar bis April gesammelt, die Blätter von Mai bis Juni. Huflattich hat sich als Tee bei Atemwegserkrankungen, Erkältung und Schnupfen bewährt. Er mildert den Hustenreiz und wirkt schleimlösend.

Huflattichtee
1 Esslöffel getrocknete Huflattichblätter mit 1/4 Liter heißem Wasser übergießen, 5 Minuten ziehen lassen und anschließend abseihen. Ein Aufguss aus Blüten und Blättern eignet sich zum Inhalieren bei einer Erkältung.

Johanniskraut

Die Pflanze wächst im gesamten europäischen Raum, bevorzugt an sonnigen Weg- und Waldrändern. Werden die gelben Blätter in der Hand gerieben, tritt roter Farbstoff aus.
Zwischen Juni und Juli wird das blühende Johanniskraut gesammelt und getrocknet. Eine besondere Heilwirkung soll Johanniskraut haben, wenn das Kraut am 24. Juni (Johanni) geerntet wird.
Johanniskraut ist ein natürliches Antidepressivum und hilft gegen Angst- und Unruhezustände. Man trinkt 2 Tassen Johanniskrauttee täglich über mehrere Wochen hinweg.
Zur äußerlichen Anwendung bei Rückenschmerzen und Sportverletzungen können die betroffenen Stellen mit Johanniskrautöl eingerieben werden.

> Achtung: **Die Anwendung von Johanniskrautpräparaten führt zu einer erhöhten Lichtempfindlichkeit. Deshalb sollte man während der Dauer der Behandlung auf Sonnenbäder verzichten.**

Johanniskrautöl

1 Liter Sonnenblumen- oder Olivenöl in ein Einmachglas füllen und 2 bis 3 Handvoll frisch gesammeltes Johanniskraut in das Öl geben. Dann wird das Glas verschlossen und etwa 14 Tage lang in die Sonne gestellt, wobei es einmal täglich kräftig durchgeschüttelt wird. Anschließend kann man ein weiteres Mal 2 Handvoll frisches Johanniskraut zum Öl hinzufügen und alles noch einige Tage in der Sonne stehen lassen, bis das Öl eine dunkelrote Farbe angenommen hat. Die Pflanzen absieben und das Johanniskrautöl an einem dunklen Ort aufbewahren.

Johanniskrauttee

1 Esslöffel getrocknetes Johanniskraut mit $^1/_4$ Liter kaltem Wasser zum Sieden bringen, den Tee 5 bis 10 Minuten ziehen lassen und anschließend abseihen. Trinken Sie täglich morgens und abends 1 Tasse, das hilft bei Darmentzündungen.

Kamille

Die Pflanze ist anspruchslos und wächst in ganz Europa auf Wiesen und Äckern. In ihrer vollen Blüte wird sie von Mai bis Juli gesammelt und getrocknet.
Kamille hat eine krampflösende, entzündungshemmende, schmerzlindernde und wundheilende Wirkung. Der Tee wird bei Magen- und Darmbeschwerden getrunken, aber nicht in großen Mengen oder als Durstlöscher.
Für ein Sitzbad bei Anal- und Genitalbeschwerden werden dem Badewasser 1 bis 2 Handvoll Kamillenblüten hinzugefügt.

Kamillentee
1 Esslöffel Blüten mit $^1/_4$ Liter heißem Wasser aufgießen, 10 Minuten ziehen lassen und abseihen.

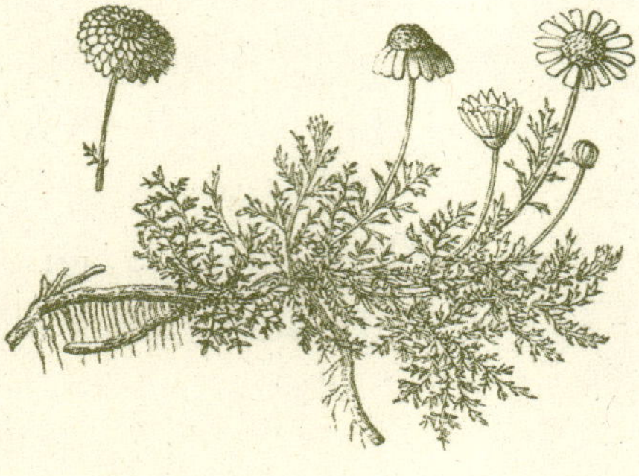

Kapuzinerkresse

Die Pflanze ist in Europa, außer ganz im Süden, nur als Gartenpflanze verbreitet. Da sie eine einjährige Pflanze ist, muss sie jährlich neu gesät werden.
Die Blätter und Blüten werden von Juni bis August gesammelt. Anwendung findet die Pflanze vorwiegend in der Küche. Salate und Quark können mit klein geschnittener Kapuzinerkresse gewürzt werden. Vorsicht bei der Dosierung! Die Blätter haben einen pfeffrigen Geschmack. Die Blüten können als essbare Dekoration für Speisen benutzt werden. Die Blätter finden nur selten als Tee Verwendung.
Kapuzinerkresse ist als natürliches Antibiotikum bekannt und hilft bei Infektionen des Urogenitalbereichs oder bei grippalen Infekten. Wegen ihres hohen Schwefelgehaltes wirkt die Kapuzinerkresse kräftigend und tonisiernd.

Kapuzinerkressetee
6 bis 8 frische Blüten oder Blätter mit $^1/_4$ Liter kochendem Wasser übergießen. 5 Minuten ziehen lassen und dann abseihen.

Knoblauch

Das bekannte Zwiebelgewächs wird auch das »Allheilmittel des armen Mannes« genannt und für die Küche und als Arzneimittel kultiviert.
Die würzigen Knollen werden im Spätsommer bzw. Frühherbst geerntet.
Die frischen Knoblauchknollen haben eine blutdrucksenkende, antibakterielle und den Blutfettspiegel regulierende Wirkung. Äußerlich wird Knoblauch bei Warzen und Hühneraugen, etwa in Form einer Kompresse, angewendet.

Knoblauchkompresse
2 Knoblauchzehen auspressen und direkt auf die betroffene Stelle legen. Ein zusammengefaltetes Tuch als Kompresse darüberlegen und das Ganze mit einer Mullbinde fixieren.

Lavendel

Wild wächst die Pflanze in Südfrankreich und Italien. Die winterharte Halbstaude bevorzugt im Garten einen sonnigen Platz.
Geerntet werden die ganzen Halme zwischen Juli und August, bevor sich die Blüten vollständig entfaltet haben. Anschließend werden sie gebündelt getrocknet.
Lavendel hat eine entspannende, beruhigende und schmerzstillende Wirkung. Lavendelblütenkissen, unter das Kopfkissen gelegt, helfen gegen Einschlafstörungen. Die angenehm riechenden Säckchen dienen als Mottenvertreiber in Wäscheschränkchen.

Lavendeltee
1 Esslöffel Lavendelblüten mit $^1/_4$ Liter heißem Wasser übergießen und etwa 10 Minuten ziehen lassen. Den Tee anschließend abseihen. Von diesem beruhigenden Tee können Sie täglich 1 bis 2 Tassen in kleinen Schlucken trinken.

Lindenblüte

Die Linde wächst in ganz Europa und ist überwiegend in Mischwäldern zu finden. Früher wurde sie häufig in den Dorfmittelpunkt gepflanzt.
Im Juni und Juli werden die Blüten des Baumes gesammelt und getrocknet.
Lindenblütentee regt das Immunsystem an und eignet sich vorbeugend gegen Erkältungskrankheiten. Zudem wirkt er beruhigend und blutdrucksenkend.

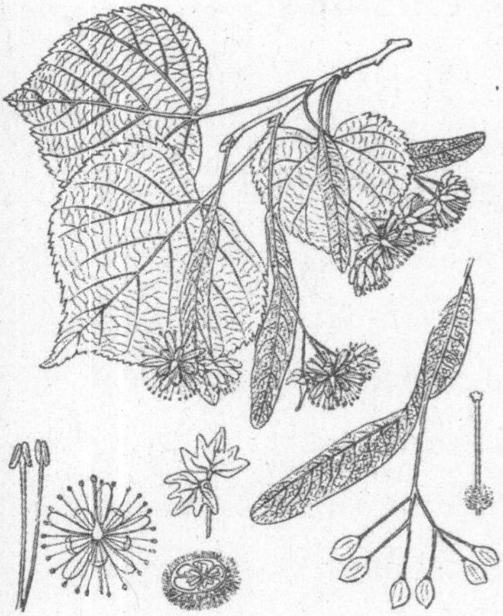

Lindenblütentee
1/4 Liter Wasser mit
1 Handvoll Lindenblüten zum Kochen bringen und etwa 1 Minute lang sieden lassen. Den Tee 10 Minuten ziehen lassen und ihn anschließend abseihen. Der Tee schmeckt sehr gut und kann in der kalten Jahreszeit jederzeit zum »Haustee« gemacht werden.

Löwenzahn

Die Pflanze wächst auf stickstoffreichen Böden auf der gesamten Nordhalbkugel.
Die Wurzeln werden im September und Oktober ausgestochen und getrocknet.
Löwenzahn wird bei Gicht und rheumatischen Beschwerden angewendet; er hat eine stoffwechselanregende und verdauungsfördernde Wirkung. Machen Sie einmal im Jahr eine Entschlackungskur mit Löwenzahn.

Löwenzahntee
Bringen Sie 1 Esslöffel Löwenzahnwurzel und -kraut (getrocknet oder frisch) in 1/4 Liter Wasser zum Kochen und lassen Sie das Ganze etwa 1 Minute lang sieden. Den Aufguss anschließend 10 Minuten ziehen lassen und abseihen. Als Kur 4 Wochen lang morgens und abends je 1 Tasse Tee trinken.

Melisse

Die Pflanze stammt ursprünglich aus dem Mittelmeerraum und aus Westasien, wächst aber in sonniger Lage auch bei uns im Garten.
Ihre Blütezeit ist von Juni bis August. Gesammelt werden die Blätter in der Regel aber bereits vor der Blütezeit, also Ende Mai bis Anfang Juni.
Melissenblätter haben eine nervenstärkende und nervenberuhigende Wirkung. Melisse kommt bei Einschlafstörungen oder auch bei Magen-Darm-Beschwerden zur Anwendung.

Melissentee
1 Esslöffel Melissenblätter (frisch oder getrocknet) mit $^{1}/_{4}$ Liter heißem Wasser übergießen. Den Aufguss anschließend 10 Minuten lang ziehen lassen und dann abseihen. Trinken Sie täglich 3 Tassen Melissentee in kleinen Schlucken.

Mistel

Die Pflanze ist ein Schmarotzer, der auf heimischen Laubbäumen wächst und dort einen Strauch bildet. Von März bis April und von Oktober bis November können Mistelzweige aus den Bäumen geschnitten werden. Anschließend werden die jungen Zweige mit ihren Blättern getrocknet. Die Beeren sind leicht giftig und werden nicht verzehrt.
Mit ihrer leicht blutdrucksenkenden Wirkung findet das Mistelkraut bei Bluthochdruck und zur Herzstärkung Anwendung.

Misteltee
Setzen Sie 1 Esslöffel Mistelkraut über Nacht mit 1/4 Liter kaltem Wasser an. Seihen Sie am nächsten Tag den Kaltauszug ab und trinken Sie davon täglich 1 bis 2 Tassen. Bevor Sie den Tee trinken, erwärmen Sie ihn leicht, aber kochen Sie ihn nicht auf.

Odermennig

Odermennig ist auf Wiesen, an Hängen und Waldrändern in den gemäßigten Zonen der Nordhalbkugel zu finden.
Die Pflanze wird in ihrer Blütezeit von Juni bis August gesammelt und anschließend getrocknet.
Als Heilpflanze hat sie eine leberstärkende Wirkung und wird auch bei Magen- und Darm-Erkrankungen eingesetzt. Ebenso hilft sie dank ihrer adstringierenden (zusammenziehenden) Eigenschaften auch bei Schleimhautentzündungen im Mund und Rachenraum.

Odermennigtee
Übergießen Sie 1 Esslöffel getrocknetes Odermennigkraut mit $^1/_4$ Liter heißem Wasser. Lassen Sie den Tee etwa 10 Minuten zugedeckt ziehen. Anschließend seihen Sie ihn in eine Tasse ab. Trinken Sie den Kräutertee in kleinen Schlucken.

Pfefferminze

Die mehrjährige Pflanze wächst überall in Europa und wird seit langer Zeit für medizinische Zwecke in Kulturen angebaut.
Für den Garten kauft man sich am besten ein kleines Pflänzchen und setzt es an einen sonnigen bis halbschattigen Platz.
Die Blätter werden zur Blütezeit zwischen Juli und September geerntet und getrocknet.
Sie hilft bei Übelkeit, krampfartigen Bauchschmerzen, Blähungen, Bronchitis und Magenverstimmung.

Pfefferminztee
Übergießen Sie 1 Esslöffel getrocknete oder frische Pfefferminzblätter mit 1/4 Liter heißem Wasser.
Lassen Sie den Aufguss 10 Minuten zugedeckt ziehen.
Anschließend abseihen.
Trinken Sie den Tee in kleinen Schlucken.

Preiselbeere

Die frostunempfindlichen Sträucher wachsen auf sauren, torfigen Böden, vorwiegend in Nadelwäldern. Die Blütezeit ist von Mai bis Juni.
Im Spätsommer werden die roten Früchte und Blätter gesammelt. Die Blätter werden für Tees getrocknet. Die säuerlich und bitter schmeckenden Früchte sind vitaminreich und werden zu Kompott oder zu Säften verarbeitet.
Preiselbeeren helfen bei Blasenentzündungen und anderen Erkrankungen der Harnwege.

Preiselbeertee
1 Esslöffel getrocknete Preiselbeerblätter mit $^{1}/_{4}$ Liter heißem Wasser übergießen. Den Aufguss etwa 10 Minuten zugedeckt ziehen lassen und anschließend abseihen. Trinken Sie von diesem Tee mehrmals täglich 1 Tasse.

Rettich

Die Pflanze ist unempfindlich und wird auf humusreichem Boden gepflanzt.
Rettich wird als Salat oder in Scheiben geschnitten und gesalzen auf Butterbrot gegessen.
Rettich hat eine schleimlösende Wirkung und wird oft bei starkem Husten eingesetzt. Mit seiner harntreibenden Wirkung beugt er Nieren- und Blasensteinen vor.

Rettichhustensaft
1 Rettich waschen, aushöhlen, mit Honig füllen, an einen warmen Ort stellen und 3 bis 4 Stunden ziehen lassen. In den gefüllten Rettich am unteren Ende ein kleines Loch schneiden und ihn senkrecht in eine hohe Schüssel stellen, damit der Saft ablaufen kann. 2 bis 3 Mal täglich 1 Esslöffel einnehmen.

Ringelblume

Die einjährige Pflanze ist in ganz Europa als Zierblume bekannt und wird für medizinische Zwecke in Kulturen angebaut. Im Garten wird die Ringelblume im späten Frühjahr an einem sonnigen Platz ausgesät. In den folgenden Jahren vermehrt sich die Pflanze automatisch. Von Juli bis Oktober werden die Ringelblumenblüten gesammelt und getrocknet.

In der Küche wurde die Ringelblume früher zum Färben von Käse, Butter und anderen Lebensmitteln verwendet. Die Blüten und jungen Blätter sind essbar. Ringelblumen fördern die Wundheilung; sie wirken entzündungshemmend und antibakteriell. Ein Ringelblumenumschlag ist ein wirksames Heilmittel bei Sportverletzungen, schlecht heilenden Wunden und Quetschwunden. Für den Umschlag den Tee etwas abkühlen lassen. Ein Leinentuch mit Tee befeuchten und auf die betroffene Stelle legen. Die Umschläge können täglich mehrmals wiederholt werden. Ringelblumentee eignet sich auch bei Halsentzündungen. Mund und Rachenraum können mehrmals mit dem kalten Tee gespült werden.

Ringelblumensalbe

400 g Schweineschmalz · 2 Handvoll frische Ringelblumenblüten

Das Schweineschmalz erhitzen, die Ringelblumenblüten hinzufügen und gut vermischen. Die Salbe über Nacht ziehen lassen. Am nächsten Tag die Salbe ein weiteres Mal erhitzen, durch ein dünnes Tuch oder einen Stoff-Teefilter abseihen und in ein verschließbares Glas füllen. Auch Pflanzenfett oder Bienenwachs kann als Salbengrundlage dienen.

Ringelblumentee

1 Esslöffel getrocknete Ringelblumenblüten mit 1/4 Liter heißem Wasser überbrühen. Lassen Sie den Aufguss dann etwa 10 Minuten ziehen und seihen Sie ihn anschließend in eine Tasse ab. Trinken Sie von diesem Tee 3 Mal am Tag 1 Tasse in kleinen Schlucken.

Schachtelhalm

Die Pflanze, die auch Zinnkraut, Katzenwedel oder Scheuerkraut genannt wird, wächst verbreitet an Wegen und Waldrändern.
Die jungen, sattgrünen Triebe von den oberen zwei Dritteln der Pflanze werden von Mai bis August gesammelt und anschließend getrocknet.
Schachtelhalm hilft bei Erkrankungen der Harnwege, er wirkt ausschwemmend und kräftigt das Bindegewebe, Knochen, Haut und Nägel. Außerdem wirkt er bei der Wundheilung, bei Rheuma und bei Gicht.

Schachtelhalmtee
1 Esslöffel getrocknetes Schachtelhalmkraut mit $^{1}/_{4}$ Liter heißem Wasser übergießen und etwa 10 Minuten zugedeckt ziehen lassen. Anschließend wird die Mischung in eine Tasse gefiltert. Man trinkt täglich 1 bis 2 Tassen.

Schlehdorn

Der Strauch ist an Waldrändern, Hecken und Wegrändern zu finden.
Die Blüten werden kurz nach dem Aufblühen von April bis Mai gesammelt und anschließend getrocknet.
Die Schlehdornfrüchte werden im Oktober und November nach dem ersten Frost gesammelt und zu Marmelade, Fruchtsaft oder Likör verarbeitet.
Als Heilmittel wirkt die Pflanze leicht abführend, den Stoffwechsel anregend und das Immunsystem stärkend.
Ein Tee aus Blüten dient der Blutreinigung.

Schlehdorntee
1 Esslöffel getrocknete Schlehdornblüten mit $^1/_4$ Liter heißem Wasser übergießen. Lassen Sie den Aufguss etwa 10 Minuten zugedeckt ziehen. Anschließend filtern Sie den Tee in eine Tasse ab und trinken ihn in kleinen Schlucken.

Schlüsselblume

Die Schlüsselblume wächst auf feuchten halbschattigen bis sonnigen Wiesen und blüht im zeitigen Frühjahr. Die Wurzeln der Pflanze werden von März bis April gestochen, die Schlüsselblumenblüten von April bis Mai gesammelt. Die Wurzeln sollten nicht durch übermäßiges Sammeln dezimiert werden.

Aus den frischen oder getrockneten Blüten kann ein Tee zubereitet werden, der bei Schlaflosigkeit und Nervosität hilft. Die Wurzeln der Schlüsselblume sind besonders hilfreich bei Bronchitis und Keuchhusten.

Schlüsselblumentee

1 Esslöffel getrocknete Schlüsselblumenwurzeln in $^{1}/_{4}$ Liter Wasser etwa 2 bis 3 Minuten kochen, den Tee 5 Minuten zugedeckt ziehen lassen. Anschließend in eine Tasse filtern. Mehrmals täglich 1 Tasse in kleinen Schlucken trinken.

Spitzwegerich

Die Pflanze ist vor allem auf sonnigen und trockenen Wiesen und an Feldrändern zu finden. Sie ist in ganz Europa verbreitet.
Kurz vor der Blüte von Mai bis September werden die jungen Blätter gesammelt und getrocknet.
Spitzwegerich wirkt schleimlösend und lindert Hustenreiz. Er eignet sich auch gut zur Behandlung bei Insektenstichen. Man zerreibt dazu frische Spitzwegerichblätter in den Händen und legt sie auf die Einstichstelle.

Spitzwegerichtee
1 Esslöffel Spitzwegerichkraut mit $^1/_4$ Liter heißem Wasser übergießen. Den Aufguss 10 Minuten zugedeckt ziehen lassen und anschließend in eine Tasse filtern. Mehrmals täglich 1 Tasse des Tees trinken, nach Geschmack mit Honig süßen.

Veilchen

Die Pflanze wächst bevorzugt auf feuchten Wiesen und ist wild in ganz Europa zu finden.
Geerntet werden die Blätter und Blüten zwischen März und April.
Das duftende Märzveilchen wird von Kennern als Delikatesse sehr geschätzt und besonders gerne im Salat verzehrt.
Veilchentee hat eine schleimlösende, entzündungshemmende und blutreinigende Wirkung. Sehr zu empfehlen ist der Tee bei Erkältung und Husten.

Veilchentee
1 Esslöffel getrocknete Veilchenblüten und Veilchenblätter mit $^{1}/_{4}$ Liter heißem Wasser übergießen, etwa 10 Minuten ziehen lassen und anschließend filtern. Von dem Tee können täglich 1 bis 2 Tassen getrunken werden.

Weißdorn

Der Strauch wächst in Parks, in Wäldern und an Feldrändern und ist in ganz Europa beheimatet.
Die Blätter und Blüten des Strauchs werden im Mai und Juni gesammelt und anschließend getrocknet.
Weißdornfrüchte schmecken säuerlich-süß, sie sind etwas mehlig und sehr vitaminreich. Die Früchte können roh gegessen oder zu Kompott, Gelee, Saft oder Sirup verarbeitet werden.
Weißdorn hat herzstärkende Wirkung und verbessert die Durchblutung der Herzkranzgefäße.

Weißdorntee
1 Esslöffel getrocknete Weißdornblätter und Weißdornblüten mit $^1/_4$ Liter heißem Wasser übergießen und etwa 10 Minuten ziehen lassen. Anschließend den Tee filtern. Man trinkt über den Tag verteilt 3 Tassen des Tees in kleinen Schlucken.

Wermut

Die Pflanze gedeiht an sonnigen Standorten und auf trockenen Böden.

Wermut wird während seiner Blütezeit von Juli bis August gesammelt und anschließend getrocknet.

Wermut hat eine appetitanregende, entblähende und verdauungsfördernde Wirkung. Wermuttee hat einen sehr bitteren Geschmack. Oft wird er mit anderen Heilkräutern, wie z. B. Pfefferminze, gemischt. Anwendung findet der Wermuttee bei Appetitlosigkeit, Magenbeschwerden, Erbrechen und Durchfall.

Wermuttee

1 schwach gehäuften Teelöffel Wermutkraut mit $^1/_4$ Liter heißem Wasser übergießen, etwa 10 Minuten ziehen lassen und abseihen. Der warme Tee sollte 3 Mal täglich getrunken werden.

Achtung: Für Schwangere ist dieser Tee nicht geeignet.

Zwiebel

Die Pflanze, die ursprünglich aus Mittelasien stammt, wird nahezu in jedem Garten angebaut.
Als Heilmittel spielt sie eine große Rolle, weil sie eine bakterienhemmende, schleimlösende und das Immunsystem stärkende Wirkung hat. Bei Ohrenschmerzen werden kleingeschnittene Zwiebeln in ein Tuch gewickelt und am schmerzenden Ohr mithilfe eines Schals befestigt. Oder man schneidet eine Zwiebel in kleine Stücke, gibt Honig hinzu und lässt die Mischung einen Tag lang ziehen.
Bei Erkältungskrankheiten kann man diese Mischung täglich mehrmals teelöffelweise einnehmen.
Die heilende Kraft der Zwiebel entfaltet sich vor allem im rohen Zustand.

Bauern-weisheiten

Bauernsprüche und Wetterregeln haben eine jahrhundertealte Tradition. In Zeiten, in denen es noch keinen Wetterbericht gab, war man in besonderem Maße auf eine genaue Beobachtung von Natur und Witterungsbedingungen angewiesen. Dank gewisser Regelmäßigkeiten lernte man so, das Wetter einzuschätzen, um den richtigen Zeitpunkt für Saat und Ernte nicht zu verpassen. Im Folgenden finden Sie einige allgemeine Wetterregeln sowie allerlei Tiefsinniges und Humorvolles aus der reichen mündlichen Tradition der Landbevölkerung.

Bauernwetterregeln

Wenn Schäfchen am Himmel stehen, kann man ohne
Schirm spazieren gehen.

Wenn die Katzen sich putzen, gibt es gutes Wetter.

Wenn die Möwen nach dem Lande fliegen,
werden wir Sturm kriegen.

Wenn die Schwalben niedrig fliegen,
verkünden sie Regen.

Wenn die Spinnen weben im Freien, kann man sich
lange schönen Wetters freuen.

Springen die Fische im Wasser empor,
steht das Regenwetter bevor.

Wer nicht geht mit dem Rechen,
wenn die Fliegen und Bremsen stechen,
muss im Winter gehen mit dem Strohseil und fragen:
Hat niemand Heu feil?

Ein Regen kommt, wenn man die Kirchenglocken besonders klar und laut hört.

Die Sonne hat noch keinen Bauern aus seinem Hofe hinausgeschienen, aber das Wasser schon manchen hinausgeschwemmt.

Was der Herr für ein Wetter macht,
hat der Kalender nicht bedacht.

Je weißer die Schäfchen am Himmel gehen,
desto länger bleibt das Wetter schön.

Bauernphilosophie

»Ein Affe«, sagte der Bauer, »ist doch ein spaßiger Mensch!«

Auch in Paris macht man aus Hafer nicht Reis.

Heuen muaß ma, wann's Heuwetter is.

Auch eine schwarze Kuh gibt weiße Milch.

Eine rechte Dummheit ist immer noch mehr wert als eine falsche Weisheit.

Das Ei will oft klüger sein als die Henne.

Man glaubt einem Auge mehr als zwei Ohren.

Wenn es dem Esel zu wohl ist,
geht er auf das Eis tanzen.

Wer in der Jugend einen Weinberg anlegt,
hat im Alter Trauben.

Besser gut ausruhen als schlecht arbeiten.

Der Hahn ist der Bauern Uhr und Kalender.

Wer lang lebt, kann leicht alt werden.

Der dümmste Bauer hat die größten Kartoffeln.

Des Bauern Handschlag ist auch ein Manneswort.

Bauer werden ist nicht schwer.
Bauer bleiben ist eine Ehr.

Je höher der Berg, desto tiefer das Tal.

Lieber ein Stück Brot im Sack als Federn am Hut.

Auf dem Feld

Mit ungleichen Pferden ist übel zu ackern.

Ein Ochs, der viel brüllt, zieht wenig.

Auf dem Acker ist kein besserer Mist,
als der an den Herren Stiefel ist.

Bauernschweiß ist der beste Dung.

Wer nicht jätet früh, jätet später
mit vergeblicher Müh'.

Gut gedengelt ist halb gemäht.

»Der G'scheitere gibt nach«, sagt der Bauer zum Ochsen,
»gib du nach!«

Wer das Ernten verschläft, den weckt der Winter auf.

Das beste Wappen der Welt ist der Pflug im Ackerfeld.

In der Gesellschaft

Wenn jeder vor seiner Tür fegt, wird es überall sauber.

Recht tun lässt sanft ruhn.

Wer ein großes Maul hat, muss auch einen breiten Rücken haben.

Das letzte Gewand hat keine Taschen.

Lehrjahre sind keine Herrenjahre.

Fallen ist keine Kunst, jedoch das Aufstehen wohl.

Ein Spatz in der Hand ist besser als eine Taube auf dem Dach.

Die Kirche muss man beim Dorf lassen und das Wirtshaus daneben.

Dummheit und Stolz wachsen auf dem gleichen Holz.

Besser zum Schied als zum Schmiedl.

Der Gesunde hat viele Wünsche,
der Kranke nur einen.

Der Apfel fällt nicht weit vom Stamm.

In der Familie

Die Frau im Haus, so selber wacht,
aus einem Pfennig zehne macht.

Am Neste kann man sehen, was für ein Vogel
darin wohnt.

Die Frau kann mit der Schürze
mehr aus dem Haus tragen als der Mann
mit dem Wagen einfährt.

Wie der Acker, so die Ruben,
wie der Vater, so die Buben.

Wenn jeder in seiner Küche kocht,
bleibt es überall schön sauber.

Neue Besen kehren gut,
aber die alten kennen die Winkel.

Bleib zu Haus und koch den Brei,
so kommst du nicht in Zankerei.

Wenn die Kinder klein sind,
treten sie einem auf die Füße, wenn sie groß sind,
treten sie einem auf das Herz.

Alleine dreschen und alleine singen
bringt kein Korn und keine Kinder.

Über dieses Buch

Die Autorin
Friederike Fuchs, geboren 1965, war nach ihrem Studium der Volkskunde einige Jahre als Lektorin in einem Verlag tätig. Sie lebt heute als freie Autorin mit ihrer Familie in der Nähe von München.

Quellennachweis
Günther Lutz (Hrsg.): Bayerisches Lesebuch. Von 1871 bis heute. Piper Verlag. München/ Zürich 1990
Otto von Reinsberg-Düringsfeld: Aberglaube, Sitten, Feste Germanischer Völker – Das festliche Jahr. Reprint Verlag Leipzig. Leipzig 1997
Josef Schlicht: Blauweiß in Schimpf und Ehr, Lust und Leid. Rosenheimer Verlagshaus. Rosenheim 1991
Ingeborg Weber-Kellermann: Saure Wochen, frohe Feste. Verlag C. J. Bucher. München 1985

Bildnachweis
Alle Illustrationen: Beate Brömse, München, außer: Seite 2, 9, 18, 48, 51, 67, 81, 94, 107, 121, 137, 165, 226, 228, 231, 232, 234, 235, 236, 237, 239, 241, 242, 243, 244, 247, 248, 249, 250, 252, 255, 259, 264, 265, 268, 272, 278, 279, 283, 290 (alle Weltbild-Archiv)

Haftungsausschluss
Die Inhalte dieses Buches sind sorgfältig recherchiert und erarbeitet worden. Dennoch kann weder die Autorin noch der Verlag für die Angaben in diesem Buch eine Haftung übernehmen.

Impressum

Weltbild Buchverlag
– Originalausgaben –

Projektleitung: Bettina Spangler
Redaktion: Martin Stiefenhofer
Umschlagabbildung: akg-images
Umschlaggestaltung und Innenlayout:
X-Design, München
Satz: Lydia Kühn
Reproduktion:
Point of Media GmbH, Augsburg
Druck und Bindung: Clausen & Bosse, Leck

Gedruckt auf chlorfrei
gebleichtem Papier

Printed in the EU

ISBN 978-3-86800-025-2

Register

Stichwortverzeichnis

Advent 173f.
Altweibersommer 145
Apfelessigauflage 217
Bartholomäustag 120
Bauchwickel 201
Biersuppe 215
Brustwickel 214
Christi Himmelfahrt 80f.
Dampfinhalation 213f.
Eisheilige 74, 79f.
Erntedank 131ff.
Fasching 34ff.
Fischerstechen 121f.
Franzbranntweinauflage 218
Franz von Assisi 146f.
Frauendreißigst 122f.
Fronleichnam 92
Getreideernte 103, 108f.
Haberfeldtreiben 161ff.
Harzauflage 211f.
Heilerdeauflage 222
Heiliger Abend 174ff.
Heiße Rolle 207f.
Heublumensack 225f.
Holzfällen 187
Hundstage 104
Jakobi 104ff.
Johannisfeuer 93f.
Kernseifenfußbad 212
Kirchweih 117, 147ff.
Klöpfelnächte 174
Komposthaufen 16
Kräutergarten 236
Kübelpflanzen 16, 30, 144, 172
Laurentius 117
Leinsamenumschlag 226
Leonhardi 159
Lostage 7f.
Maibaum 76f.
Mainacht 75
Maitanz 78
Mariä Himmelfahrt 118ff.
Mariä Lichtmess 31ff.
Mariä Verkündigung 49ff.
Märzfeuer 45
Michaeli 135ff.
Mistbeet 30, 144
Mond 180ff.
Neujahrsbräuche 17ff., 22f.
Ostern 59ff.
Palmesel 47
Palmgebinde 46
Palmsonntag 46
Pfingsten 89ff.
Portiuncula 117
Quarkauflage 228
Rollkur 202
Sankt Martin 160f.
Schafskälte 88
Schwarztee-Umschlag 228

Schweineschmalzwickel 215
Schwendtage 7f.
Siebenschläfer 95
Silvesterbräuche 17ff.
Valentinstag 37
Wadenwickel 204
Walpurgisnacht 66f.
Waschung 203f.
Wickel 204, 207, 209, 214f.

Pflanzenverzeichnis

Anis 237
Apfel 130
Arnika 206, 257
Augentrost 258
Bärlauch 235, 238f.
Baldrian 219, 259
Basilikum 240
Beifuß 241
Bibernelle 208, 260
Birkenblätter 207, 261
Birne 130
Blumenkohl 30, 102
Bohne 58, 74, 88, 102, 116, 130
Bohnenkraut 242
Borretsch 243
Brennnessel 262
Brokkoli 58
Brombeere 130, 263
Dill 235, 244
Ehrenpreis 264
Eibisch 265
Eisenkraut 266
Eissalat 44
Endivien 30, 144
Erbse 44
Erdbeere 44, 58, 74, 88, 102
Erdrauch 267
Estragon 247
Feldsalat 116, 130
Fenchel 88, 202, 268
Frauenmantel 269
Frühkartoffel 30, 102
Gänseblümchen 207, 270
Gänsefingerkraut 271
Geranien 16
Gerste 58, 144
Goldrute 272
Grünkohl 74
Gurke 74, 88
Hafer 58
Hauswurz 211
Heckenrose (Hagebutte) 273
Heidelbeere 274f.
Herzgespann 276
Himbeere 130, 277
Hirtentäschel 278
Holunder 279
Hopfen 280
Huflattich 281
Johannisbeere 88
Johanniskraut 219, 282f.

Kamille 202, 209, 211, 284
Kapuzinerkresse 285
Karotte 44, 74, 88, 116, 130, 144
Kartoffel 58, 116, 221, 226
Kerbel 246
Knoblauch 215, 286
Knollensellerie 74
Kohlrabi 74, 88, 116
Kopfsalat 30, 44, 228
Koriander 247
Kümmel 248
Kürbis 74, 88
Lauch 130, 158, 172
Lavendel 287
Liebstöckel 249
Lindenblüte 215, 288
Löwenzahn 289
Mais 74, 130, 144, 158
Majoran 250
Mangold 58, 74, 88, 102, 116
Meerrettich 158
Melisse 290
Melone 74
Mistel 291
Odermenning 292
Paprika 58, 74, 88
Petersilie 222, 235, 251
Pfefferminze 293
Porree 30
Preiselbeere 294
Radicchio 88
Radieschen 30, 44, 58, 74, 102, 116
Rettich 30, 44, 58, 74, 88, 102, 116, 295
Rhabarber 130
Ringelblume 296f.
Rosenkohl 158, 172
Rosmarin 218, 252
Rote Bete 44, 58, 74, 130
Rotkohl 44
Salat 88, 102, 116
Salbei 208f., 253
Schachtelhalm 298
Schlehdorn 299
Schlüsselblume 300
Schnittlauch 235, 254
Sellerie 30, 88, 130
Spätkartoffel 74, 130
Spinat 44, 58, 74, 88, 102, 116, 144
Spitzwegerich 301
Thymian 255
Tomate 30, 58, 74, 88, 130
Veilchen 215f., 302
Weidenrinde 219f.
Weißdorn 203
Weißkohl 44, 130, 158
Wermut 204
Wirsing 88
Zucchini 58, 74, 88
Zwiebel 30, 44, 58, 130, 209, 212, 216, 222, 305